橡胶配方技术问答

XIANGJIAO PEIFANG JISHU WENDA

杨 慧 翁国文 编著

化学工业出版社

·北京·

内容简介

《橡胶配方技术问答》从生产实际出发，以一问一答的形式介绍橡胶配方的基础知识。具体包括配方基础、性能配方、环境配方、功能配方、工艺配方、硫化体系设计等。本书可作为橡胶专业大中专学生、橡胶行业技术人员的参考资料。

图书在版编目（CIP）数据

橡胶配方技术问答 / 杨慧，翁国文编著. —北京：化学工业出版社，2023.10
ISBN 978-7-122-43853-9

Ⅰ.①橡… Ⅱ.①杨… ②翁… Ⅲ.①橡胶制品－配方－问题解答 Ⅳ.①TQ330.6-44

中国国家版本馆CIP数据核字（2023）第136956号

责任编辑：赵卫娟
文字编辑：邢苗苗　刘　璐
责任校对：宋　夏
装帧设计：王晓宇

出版发行：化学工业出版社
　　　　　（北京市东城区青年湖南街13号　邮政编码100011）
印　　装：北京科印技术咨询服务有限公司数码印刷分部
710mm×1000mm　1/16　印张10½　字数175千字
2023年11月北京第1版第1次印刷

购书咨询：010-64518888
售后服务：010-64518899
网　　址：http://www.cip.com.cn
凡购买本书，如有缺损质量问题，本社销售中心负责调换。

定　　价：68.00元

前言
PREFACE

橡胶是高弹性高分子化合物的总称。由于橡胶在室温上下很宽的温度范围内具有优越的弹性、很好的柔软性，并且具有优异的疲劳强度，很高的耐磨性、电绝缘性、不透气性、不透水性以及耐腐蚀、耐溶剂、耐高温、耐低温等特殊性能，因此成为重要的工业材料，广泛用于轮胎、胶管、胶带、胶鞋、工业制品（如减震制品、密封制品、化工防腐材料、绝缘材料、胶辊、胶布及其制品等）以及胶黏剂、胶乳制品中。要制得符合实际使用要求的橡胶制品、改善橡胶加工工艺以及降低产品成本等，还须在橡胶中加入各种橡胶配合剂。

随着我国橡胶工业技术水平的提高和发展，为了满足橡胶工业技术人员提高技术理论水平的需要，促进橡胶工业技术的发展，编著者组织编写此书。

在编写过程中立足生产实际和现状，既有基础知识问题也有生产实际中发生的问题，以保证内容真实可用。本书可供橡胶企业技术人员及其他有关人员自学使用，也可作为职业培训教材。

本书主要分橡胶配方基础、性能配方、环境配方、功能配方、工艺配方、硫化体系设计、其他共7章。

本书第1至第4章由徐州工业职业技术学院杨慧编写，第5至第7章由徐州工业职业技术学院翁国文编写。全书由杨慧统稿。

由于编著者水平有限，编写经验不足，书中可能存在不妥之处，敬请广大读者批评和指正。

编著者
2022.6

目 录
CONTENTS

第1章

配方基础

1. 什么是橡胶配方?

橡胶配方简单来说，就是一份表示胶料中各种原材料品种、规格型号（含厂家）和用量（配比）的表单或方子。橡胶配方从形式上有三个基本要素，即原材料品种、规格型号、用量。常见配方主要包含原材料品种、用量，但对于一些重要配方，原材料规格也是非常重要的要素，同一品种但不同厂家或型号的材料，有时性能相差很大，成为影响配方设计的关键所在。

生产中有时配方包含更详细的内容，其中包括：胶料的名称及代号、胶料的用途、生胶及各种配合剂的用量、含胶率、相对密度、成本、胶料的加工工艺、工艺性能和硫化胶的力学性能等。

2. 配方有哪四种表示形式?

橡胶配方按配比（用量）表示形式，可分为基本配方、生产配方、质量分数配方、体积分数配方，如表 1-1 所示，其中最常用的是基本配方和生产配方。

表 1-1　橡胶配方表示形式

原材料名称	基本配方/质量份	质量分数配方/%	体积分数配方/%	生产配方/kg
天然橡胶（NR）	100	62.11	76.70	50.0
硫黄	3	1.86	1.03	1.5
2-巯基苯并噻唑（促进剂 M）	1	0.62	0.50	0.5
氧化锌	5	3.11	0.63	2.5
硬脂酸	2	1.24	1.54	1.0

续表

原材料名称	基本配方/质量份	质量分数配方/%	体积分数配方/%	生产配方/kg
炭黑	50	31.06	19.60	25.0
合计	161	100.00	100.00	80.50

① 基本配方　以质量份（phr）来表示的配方，规定生胶的总质量份为100份，其他配合剂用量都以相对生胶为100份的质量份数表示。理论、试验研究和配方书写多为这一形式。

② 质量分数配方　以原材料所占的质量分数来表示的配方，总量为100%。

③ 体积分数配方　以原材料所占的体积分数来表示的配方，总量为100%。

④ 生产配方　符合生产使用要求的配方，称为生产配方。即以原材料生产中实际配合用量所表示的配方，生产配方的总量等于炼胶机的容量。但炼胶机的容量多数时候是一个范围，生产配方的总量应在炼胶机的容量范围内。由于炼胶机规格不同，其炼胶容量也不同，因而同一胶料存在多种不同生产配方表示形式。

3. 什么是配方设计？

简单来说，橡胶配方设计就是确定胶料配方的过程。

根据橡胶产品的使用性能要求、工艺条件以及国家规定的力学性能指标，依据橡胶原材料的性质和积累的经验，通过试验、优化、鉴定，合理地选用原材料，确定胶料中各种原材料的品种、规格、用量的过程就是配方设计。

4. 基础配方、实用配方、性能配方的区别是什么？

基础配方、实用配方、性能配方是按不同用途分类的三种配方。

基础配方又称标准配方，一般是以生胶和配合剂的鉴定为目的的配方。基础配方的材料种类在满足基本要求前提下尽可能少，以便减少对结果的影响。如各种橡胶基础配方（鉴定配方）、炭黑鉴定配方等。

实用配方是实际用于加工产品的配方，是橡胶制品制造工厂使用的配方，是符合实际生产条件，满足制品基本性能的投产配方。实用配方要全面考虑使用性能、工艺性能、成本、设备条件等因素，使其能够满足工业化生产的条件，使产品的性能、成本、工业化生产工艺达到较好的平衡。

性能配方是为达到某种性能要求而进行的配方设计，其目的是满足产品的性能要求和工艺要求，提高某种特性等。

5. 基本配方与基础配方有何区别?

基本配方与基础配方是使用目的不同的两种配方。

基本配方是一种配方表示形式,用质量份来表示材料的用量,规定生胶的总质量份为100份,其他配合剂用量都以相对生胶为100份的质量份数表示,是最常用的配方表示形式。

基础配方则是按配方的用途分类的一种配方,一般是以生胶和配合剂的鉴定为目的的配方,其配方组成和用量是该橡胶的最基本组成和经典用量,也是我们进行配方设计的最基础参考。

6. 如何将基本配方转化为生产配方?

在配方转化过程中,有一个参数是不变的,即原材料之间的相对比,或者说原材料在胶料中的含有率是不变的,否则配方就变了。

要将一个基本配方转化为生产配方,首先必须知道炼胶设备的炼胶容量 N,并有具体质量单位,不可为体积容量。其大小可从设备基本参数查得,也可依据生产经验得到,或者采用有关经验公式求得。

当基本配方确定后,可以求得其配方的总容量 M,也可得到各原材料的相对含有率 K_i。此时将基本配方转化为生产配方可以从两个角度考虑,一是认为生产配方中各原材料配合量等于总量为设备容量(N)的各种原材料的含有量;二是从基本配方转化为生产配方时,各原材料放大或者缩小系数(K)是相同的,并且与两个配方总量的放大或者缩小系数(N/M)相同。那么生产配方中原材料配合量等于这个放大或缩小系数×基本配方中配合量。如表1-2、表1-3所示。

表1-2 基本配方转化为生产配方思路一

原材料名称	基本配方/质量份	生产配方/kg	
NR	100	?	
硫黄(S)	3	?	
二硫化二苯并噻唑(DM)	1	?	↑
ZnO	5	?	
硬脂酸(SA)	2	?	
N330	50	?	
合计	161	80.5(设备容量)	

注:"?"表示80.5kg中该材料的含量是多少。箭头指明推算方向。

表 1-3　基本配方转化为生产配方思路二

原材料名称	基本配方/质量份		生产配方/kg
NR	100		?
S	3	⇨	?
DM	1		?
ZnO	5		?
SA	2		?
N330	50		?
合计	161	⇨	80.5（设备容量）

注："？"表示配方总量由 161kg 缩小到 80.5kg，该材料应缩小到多少。箭头指明推算方向。

按第一个思路，转换公式为：

原材料生产配方中配合量=设备炼胶容量×此材料在胶料中含有率

=设备炼胶容量×（此材料基本配方中配合量/基本配方总量）

按第二个思路，转换公式为：

原材料生产配方中配合量=此材料基本配方配合量×转换放大或者缩小系数

=此材料基本配方中配合量×（设备炼胶容量/基本配方总量）

由以上公式可知二者计算结果是一样的。一般多用第二个公式，因为对一个具体计算来说，设备炼胶容量/基本配方总量为常数。

转化后生产配方中配合量是有具体质量单位的。为便于生产可对各材料单位进行调整，如大料单位为 kg，小料单位为 g，也可将液体配合剂转化为体积用量。

举例：表 1-4 是基本配方转换为生产配方案例（设备容量为 332kg）。

表 1-4　基本配方转换为生产配方案例

原材料名称	基本配方/质量份	方法一		方法二	
		材料含有率	生产配方/kg	转换系数	生产配方/kg
NBR[①]	100	100/166≈0.602409639	332×0.602409639≈200	=332/166=2	2×100=200
S	2	2/166≈0.012048193	332×0.012048193≈4		2×2=4
CZ[②]	1	1/166≈0.006024096	332×0.006024096≈2		2×1=2

续表

原材料名称	基本配方/质量份	方法一		方法二	
		材料含有率	生产配方/kg	转换系数	生产配方/kg
ZnO	5	5/166≈0.030120482	332×0.030120482≈10	=332/166=2	2×5=10
SA	2	2/166≈0.012048193	332×0.012048193≈4		2×2=4
N330	20	20/166≈0.120481928	332×0.120481928≈40		2×20=40
N550	30	30/166≈0.180722892	332×0.180722892≈60		2×30=60
DOP③	5	5/166≈0.030120482	332×0.030120482≈10		2×5=10
RD④	1	1/166≈0.006024096	332×0.006024096≈2		2×1=2
合计	166		332		332

① 丁腈橡胶。

② N-环己基-2-苯并噻唑次磺酰胺。

③ 邻苯二甲酸二辛酯。

④ 2,2,4-三甲基-1,2-二氢化喹啉聚合体。

7. 如何将生产配方转化为基本配方？

生产配方转化为基本配方时，首先要将生产配方各材料单位统一为一个质量单位（如 kg、g 等），然后再进行转化。依据基本配方中生胶的总用量一定是 100 质量份的特点，可以理解为此配方的转化是将生产配方中的生胶总量放大或缩小为 100，同样其他配合剂也要相应地放大或缩小同样比例，如表 1-5 所示。计算公式为：

基本配方中材料配合量=（100/生产配方生胶总量）×生产配方中该材料配合量。

表1-5　生产配方转化为基本配方思路

原材料名称	生产配方/kg			基本配方/质量份	
NR	40	50	⇒	100	?
丁苯橡胶（SBR）	10				?
S	1.3				?
ZnO	2.5		⇒		?
SA	1				?
N330	25				?
DM	0.6				?

注："？"表示生胶总量由 50 放大到 100，该材料应放大到多少。箭头指明推算方向。

举例：表 1-6 是生产配方转化为基本配方的案例。

表1-6　生产配方转化为基本配方案例

原材料名称	方法一			方法二		
	生产配方/kg	转换系数	基本配方/质量份	生产配方/g	转换系数	基本配方/质量份
顺丁橡胶（BR）	30		2.5×30=75	30000		0.0025×30000=75
NR	10		2.5×10=25	10000		0.0025×10000=25
S	0.6		2.5×0.6=1.5	600		0.0025×600=1.5
CZ	0.3		2.5×0.3=0.75	300		0.0025×300=0.75
ZnO	1.5	100/(30+10)=2.5	2.5×1.5=3.75	1500	100/(30000+10000)=0.0025	0.0025×1500=3.75
SA	0.6		2.5×0.6=1.5	600		0.0025×600=1.5
N330	6		2.5×6=15	6000		0.0025×6000=15
N550	9		2.5×9=22.5	9000		0.0025×9000=22.5
DOP	1.5		2.5×1.5=3.75	1500		0.0025×1500=3.75
RD	0.3		2.5×0.3=0.75	300		0.0025×300=0.75
合计	59.8		149.5	59800		149.5

8. 橡胶配方的设计原则是什么？

为了使橡胶制品的使用性能和成本、胶料加工工艺性能取得最佳平衡，进行橡胶配方设计要遵循如下原则。

（1）质量性原则

保证橡胶制品具有规定的使用性能要求，符合使用要求并稳定。橡胶制品的性能要求往往是多样化的，首先要分清性能要求的主次，以保证制品的主要性能为主，兼顾其他性能的平衡。具体配方设计时胶料的性能要求最好是定量的而不是定性的，如耐老化性要求，最好是在什么条件下胶料性能或性能变化（率）的具体值或范围。当得到的只是胶料的定性要求时，要依据制品的使用条件和使用要求结合以前经验提出一个参考技术要求，并依据使用情况进行调整。同时要考虑配合剂之间的内在联系和相互作用。

（2）工艺性原则

在保证橡胶制品使用性能要求的同时，配方胶料应具有良好的加工工艺性能，与具体生产环境、生产设备、操作人员等相适应，保证具有一定的生产效率和产品合格率。任何一种橡胶产品只有能加工成型（胶料易于混炼，压延、压出能实现，成型操作能达标，硫化充模好，硫化工艺顺利进行，具有比较高的生产效率），才能具有比较好的社会效应和经济效益。同时尽可能简化配方，便于生产管理。

（3）经济性原则

配方成本尽可能低，在保证橡胶制品使用性能和工艺性能要求的前提下，尽可能降低材料成本。主要关注贵重材料的使用，但一分钱一分货，前提就是质量和工艺。还要视具体情况而定，好的产品必须使用好的且稳定的原材料。

（4）环保性原则

应该避免使用有毒、有味、易飞扬、有污染的原材料，减少污染和公害，保证操作人员的健康和清洁的工作环境。

9. 橡胶配方的设计程序是什么？

一个完整实用配方设计程序如图 1-1 所示。

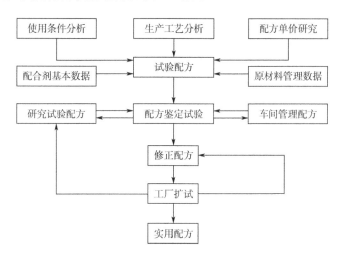

图 1-1　配方设计程序示意图

具体包括以下各个步骤：

① 调查研究和收集资料，重点了解橡胶制品的使用条件和性能要求、国家标准的相关要求，明确技术要求，制订出胶料的性能指标；了解同类或相关产品配方设计的经验，了解橡胶和配合剂的发展，了解设备、加工工艺的条件，

为配方设计做好铺垫工作。

② 根据产品的性能要求和经验，确定配方试验方案（包括选择原材料的品种、用量范围、试验路线、测试方法等）。

③ 进行反复试验，数据处理，筛选最佳配方。

④ 复试和扩大中试。

⑤ 确定实用配方。

10. 如何计算配方材料成本？

主要是单位质量胶料的材料价格。

计算公式（用基本配方计算）如下：

$$q = \frac{\sum (m_i q_i)}{M}$$

式中　q——胶料单位质量价格，元/kg；

m_i——各材料在配方中的用量，质量份；

q_i——各材料单位质量价格，元/kg；

M——配方总量，质量份。

11. 如何降低配方胶料成本？

高性能、低成本胶料是企业和配方设计者非常关注的，从配方设计角度可以对下面几个方面进行考虑。

① 尽可能多地配用再生胶，如允许可全配用再生胶。

② 所选材料价格要低。

③ 填料用量尽可能高，但要注意对胶料工艺性能的影响，同时提高软化剂用量。

④ 可并用一些胶粉。

12. 为什么低成本胶料制作产品的成本有时不一定合算？

① 低成本胶料多数是增加填料的胶料，多数填料密度较大，填充胶料密度也较大，所以产品重量会增加。

② 胶料流动性差，加工性能不好，产品合格率下降。

③ 含胶率较低，会造成混炼等加工工艺难度增加，耗时且动力消耗大，工艺成本提高。

13. 如何成为一名橡胶配方工程师?

要成为一名合格的橡胶配方工程师需要具备以下能力。

① 掌握橡胶专业基础知识,包括高分子化学、高分子物理、橡胶原材料、橡胶加工设备、橡胶模具、橡胶加工工艺等知识。

② 能独立操作常见性能测试仪器。

③ 能独自进行反复试验,系统进行有针对性的配方实验,获得一手数据资料。

④ 积极探索,采用新材料,不断学习,及时了解、掌握橡胶前沿的新工艺、新材料、新设备。

⑤ 注重配方收集、分析和总结。对自己做过、收集到的配方进行分析总结,配方记录不仅要记录配方形式,还要记录胶料性能、加工工艺、配方材料出处等。

正如 R.J.Del Vecchio 所说"一名优秀的配方人员应该同时掌握化学、物理、统计学、数学和加工过程中的各种知识与技能。这些学科的综合应用是橡胶配合艺术的真正所在"。

14. 配方设计者面临的困惑?

在橡胶制品生产过程中,配方设计者面临的困惑如下。

① 胶料性能再现性差(稳定性),主要表现为同一配方胶料,不同时间(包括不同炼胶时间、硫化时间、测试时间,不同停放时间,不同季节)、相同型号不同厂家材料、同一厂家不同批号的材料等制备的胶料测定性能不同。

② 配方中材料品种、厂家、型号对性能影响很大,进口与国产、大厂与小厂材料品质相差较大。

③ 原材料市场较乱,除了进口与国产、大厂与小厂,还有正品与次品、副牌、等外品等。配方设计者忙于应付原材料变化。

④ 同一配方胶料不同加工季节(不同加工时间)、加工方法、加工设备、加工条件、操作人员、模具等都对产品质量产生较大的影响。

⑤ 有时会出现同一胶料、同一模具、同一设备、同一操作者,上次(可能是前一天、上午)硫化正常,这次可能出现异常,下次又可能恢复正常的情况。

第**2**章

性能配方

15. 如何依据配方估算胶料的硬度？

人们在实践中总结出胶料中填料的用量、软化增塑剂的用量与胶料硬度的关系，估算公式为：

估算硬度=橡胶基础硬度+填料（或软化剂）用量×硬度效应值

各种橡胶的基本硬度和填料（或软化剂）硬度效应值如表 2-1 和表 2-2 所示。

表 2-1 各种橡胶的基本硬度

胶种	基本硬度
烟片 NR、异戊橡胶（IR）	43
标准 NR、低温 SBR、氯化丁基橡胶（CIIR）、顺丁橡胶 BR9000	40
充油（25 质量份）SBR	31
高温 SBR	37
充油（37.5 质量份）SBR1712	26
丁基橡胶（IIR）	35
中、中高丙烯腈（NBR），氯丁橡胶（CR），氯磺化聚乙烯橡胶（CSM）	44
充油顺丁橡胶 BR9073（油 37.5 质量份/100 份胶）	30
低丙烯腈含量 NBR	41
丁腈/聚氯乙烯共混胶［NBR 70/PVC（聚氯乙烯）30］	59
三元乙丙橡胶（EPDM）	56
二元乙丙橡胶（EPM）	42
丙烯腈含量 40%以上的 NBR	46

表 2-2　每增加 1 质量份填充剂或软化增塑剂胶料硬度的效应值

填充剂或软化增塑剂	硬度的效应值
超耐磨炭黑（SAF，如 N110）、中耐磨炭黑（ISAF，如 N220）、高耐磨炭黑（HAF，如 N330）、快压出炭黑（FEF，如 N550）、通用炭黑（GPF，如 N660）、易混炭黑（EPC）、可混炭黑（MPC）、槽法炭黑、喷雾炭黑	+0.5（即 2 质量份增加 1 硬度）
气相法白炭黑、沉淀法白炭黑	+0.5（即 2 质量份增加 1 硬度）
半补强炭黑（SRF，如 N770）	+0.33（即 3 质量份增加 1 硬度）
含水二氧化硅类	+0.4（即 2.5 质量份增加 1 硬度）
热裂法炭黑（N800、N900）或硬质陶土	+0.25（即 4 质量份增加 1 硬度）
软质陶土	+0.1～0.143（即 7～10 质量份增加 1 硬度）
碳酸钙	+0.143（即 7 质量份增加 1 硬度）
表面处理的碳酸钙	+0.167（即 6 质量份增加 1 硬度）
固体软化增塑剂、石油类树脂、矿质橡胶	-0.2（即 5 质量份降低 1 硬度）
酯类增塑剂	-0.67（即 1.5 质量份降低 1 硬度）
脂肪族油或环烷油	-0.5（即 2 质量份降低 1 硬度）
芳烃油	-0.588（即 1.7 质量份降低 1 硬度）

这里只是估计，实际胶料硬度与具体材料品种、型号、厂家、配合、工艺等仍有较大关系，胶料硬度最终以实测为准。

16. 为何用硬度估算方法有时算出来不准确？

硬度估算方法一般是先计算出不同胶种本身硬度，再查出不同填料和增塑剂对硬度的贡献。材料有厂家批次之分，如三元乙丙胶中充油与不充油，以及不同炭黑对硬度贡献有些差异。算出来的硬度多少有些误差，这个很正常，算硬度值是配方设计的一个参考，其对于一般常用的配方还是比较准确的。

17. 如何调整橡胶的硬度？

硬度是表征橡胶材料刚性（刚度）的重要指标，是橡胶抵抗外压不变形的能力。胶料的硬度一般与生胶种类、硫化程度（交联密度）、填料和增塑剂品种及用量有关。胶料硬度可从以下四个方面进行调整。

（1）从生胶调整胶料的硬度

主要从橡胶的极性、分子量和分子量分布来调整胶料的硬度。橡胶分子链刚性（极性）和分子间作用力越大，胶料硬度越高。在橡胶大分子主链上带有极性原子或极性基团的橡胶如 CR、NBR、丙烯酸酯橡胶（ACM）、聚氨酯（PU）、氟橡胶（FPM）等，分子间作用力大，胶料的硬度普遍都较大，要制备低硬度（邵氏 A 50 以下）胶料是比较困难的。相反非极性柔性橡胶如甲基乙烯基硅橡胶（VMQ）、BR、NR、EPDM 等易调制成低硬度的胶料。

橡胶分子量分布变宽，胶料的硬度下降，这是因为分子量分布较宽时，低分子量组分增加，游离末端效应加强，同时分子量较低的部分可起软化增塑作用，导致硬度降低。

另外橡胶分子量越大，则游离末端数越少，有效链数越多，胶料硬度越大。

（2）从硫化体系调整胶料的硬度

调节硫化胶的交联密度也可在一定范围内调节胶料的硬度。交联密度增加，硫化胶的硬度增加。交联密度的大小调节是通过调整硫化体系中的硫化剂、促进剂、活性剂等配合剂的品种和用量来实现的，其中硫化剂和促进剂的品种和用量起主要作用。硫黄可调节胶料的硬度。一般软质橡胶中，硫黄用量为 0.2～5 质量份；硫黄用量 5 质量份以上为半硬质胶；硫黄用量 35～50 质量份，则可制成硬度很高甚至交联饱和的硬质橡胶。橡胶胶辊可用硫黄用量来调整硬度，如表 2-3 所示，胶料的硬度随着硫黄含量的增加而增加。例如对造纸胶辊胶料、天然橡胶胶料，硫黄用量若增加 1～3 质量份，硬度就会提高 5。对天然/丁苯/顺丁并用胶，硫黄用量增加 1.5～4 质量份，硬度提高 5。印染浅色胶辊胶料，硫黄用量增加 2～4 质量份，硬度提高 5。这种方法制得的产品具有适宜的弹性，胶料自黏性好，利于操作，但耐热性差。橡胶衬里用的胶料也是用硫黄用量来调整硬度，以获得软质胶、半硬质胶、硬质胶（含硫黄 39～43 质量份）。

表 2-3　胶辊硫黄用量与硬度的关系

序号	硬度（邵氏 A）	造纸胶辊中硫黄用量/%	印染胶辊中硫黄用量/%
1	65	4.5	6
2	70	5.5	10
3	75	8	12
4	80	12	14
5	85	15	16
6	90	17	19
7	95	19	22

对硅橡胶过氧化物硫化体系，提高硫化剂（过氧化物）用量，胶料的硬度也可提高，但增加结构控制剂用量会使胶料的硬度下降。在 NBR、EPDM 过氧化物硫化体系中添加硫化助剂三异氰尿酸三烯丙酯（TAIC）、N,N'-间苯亚基双马来酰亚胺（HVA-2）均可提高一定的交联密度，增加一定硬度和定伸应力，但添加少量硫黄则会使胶料的硬度下降，这可能与产生柔性硫键有关。当硫化程度一定时，以—C—C—交联键为主的硫化胶，硬度迅速增大，而以多硫键为主的硫化胶，硬度增大的速度非常缓慢。在高硬度丁腈橡胶过氧化物硫化体系中使用甲基丙烯酸锌或甲基丙烯酸镁也可明显增加硬度及强度，同时甲基丙烯酸锌还对胶料弹性有利。

活性高的促进剂，可提高胶料的硬度，如高纯度氧化锌比一般氧化锌胶料硬度高。

秋兰姆类、胍类和次磺酰胺类促进剂的活性较高，其硫化胶的硬度也比较高。二硫化四甲基秋兰姆（TMTD）具有多种功能，兼有活化、促进及硫化的作用，因此采用 TMTD 可以有效地提高胶料的硬度。

（3）从填料方面调整胶料的硬度

选用不同品种的填料和调节填料的用量是橡胶工业中调节胶料硬度最重要、最常用的方法，其调整效果比其他方法更有效、更直接。填料的化学品种、用量、粒径（目数）、结构性（吸油值）、活性是关键，橡胶中增加填料用量可使胶料的刚性增大，硬度增大。不同类型的填料对硫化胶硬度的影响是不同的，结构性高、粒径小、活性大的炭黑如 N220、N330，硬度提高的幅度较大。在炭黑用量相同的情况下，结构性对硬度的影响最大、最为明显，高结构性炭黑填充的胶料硬度高，这是因为炭黑的结构性高，说明该炭黑聚集体中存在的空隙较多，其硫化胶中橡胶大分子的有效体积分数也相应减少较多。白炭黑因粒子小、结构性高，胶料的硬度高。补强性较低的碳酸钙、石粉、陶土、硫酸钡因粒径大、密度大，增硬效果好。

（4）从软化增塑剂方面调整胶料的硬度

选用不同软化增塑剂也是最常用的调节胶料硬度的方法之一，橡胶中加入软化增塑剂，增加了橡胶分子链之间的距离，减弱了分子间的作用力，橡胶的硬度变小。软化增塑剂的分子量、相容性、用量是调节关键，分子量小、渗透能力强，软化效果好，但易迁移，胶料硬度小但保持性不好，同时也影响胶料的强度。

18. 提高胶料硬度还有哪些方法?

(1) 橡塑并用

树脂类材料内聚能密度比橡胶大得多,并用后往往可以明显地提高制品的硬度。有两种并用方法,一是橡胶合成时在橡胶分子中引入某种树脂结构如热塑性弹性体,其硬度都比较高;二是将橡胶与某些树脂共混,例如橡胶与高苯乙烯树脂并用,能制成高耐磨性的鞋底,硬度可达邵氏A85~90。橡胶与PVC、聚乙烯(PE)、聚丙烯(PP)、乙烯-醋酸乙烯共聚物(EVA)等塑料并用,其并用比例不同,制品的硬度可做大范围调整,但同时应注意并用树脂后胶料的弹性下降,压缩永久变形大。

(2) 增硬剂

苯甲酸在硫化前具有软化作用,可使未硫化胶变软,易于操作,而硫化后胶料变硬,这对需要大量填料的胶料十分有益,而且能防止胶料焦烧,但气味很大。在子午线轮胎硬质三角胶中加入3质量份苯甲酸,硫化胶硬度可提高5~6。

多官能团丙烯酸酯低聚物(主要有低聚酯、甲基丙烯酸镁、甲基丙烯酸锌),可以有效地提高硫化胶的硬度。主要在丁腈橡胶过氧化物硫化体系(需要过氧化物引发)中采用。

19. 对于浅色或彩色胶料,在含胶率不变的情况下,如何提高胶料的硬度?

① 提高白炭黑的用量,将配方中非白炭黑浅色填料换成白炭黑,硬度提高明显。选用粒径小,结构性高的白炭黑。

② 减少软化剂的用量,但要注意此时胶料加工性变差。选用低聚酯(主要用于过氧化物硫化)软化增塑剂。

③ 橡塑并用,减少一小部分生胶,改用与其相容性较好的树脂,如100质量份丁苯橡胶改为80质量份丁苯橡胶与20质量份高苯乙烯并用,同时还不影响胶料的流动性。

④ 选用酚醛类增硬树脂,如12687、205、206等,主要用于硫黄硫化体系。

⑤ 适当增加硫化剂用量。

20. 如何配制高硬度（邵氏 A90 以上）胶料?

① 提高填料的用量，采用活性细粒子、高结构性的填料（如 N330，超细沉淀白炭黑，气相白炭黑），用量在 70 质量份以上。

② 少量配用软化增塑剂（控制在 5 质量份以下）。

③ 适量提高硫化剂用量，同时适量提高活性剂、促进剂用量，使硫化充分。

④ 选用固体状、分子量高的软化剂。

⑤ 对于过氧化物硫化胶料，可添加低聚酯，硫化前作为软化剂。

⑥ 对于丁腈橡胶过氧化物硫化胶料，可添加甲基丙烯酸锌、甲基丙烯酸镁。

⑦ 橡塑并用，树脂并用量在 30 质量份以上。

21. 如何设计硬度小于 50（邵氏 A）的软质胶料?

① 生胶尽可能采用充油橡胶，充油量应在 50 质量份以上。

② 采用高含胶、低填充配合体系，活性填料用量控制在 20～30 质量份以下，其他惰性填料用量控制在 40～70 质量份。

③ 提高软化剂用量，当填料用量少时控制液体用量在 20～30 质量份以下，可用大量的油膏、石蜡等固体软化剂。

22. 如何配制硬度高于 90（邵氏 A）的浅色、弹性好、导热好、耐油胶料?

① 选用中等或中高等级丙烯腈含量的生胶。

② 尽可能采用过氧化物或过氧化物与硫黄并用。

③ 采用白炭黑填料。

④ 选用纯度高的氧化锌（99.99%以上），同时提高用量（15 质量份以上）。

⑤ 增添导热剂，如碳纳米管、碳纤维、碳化氮等。

23. 如何保证胶料硬度不变的同时提高橡胶的弹性?

① 提高含胶量，减少填料的使用，同时适当提高硫化剂用量。

② 改用粒径粗、弹性好的填料，如热裂法炭黑 N880/N990、碱性白炭黑、硅藻土（N85）。

③ 改用与橡胶相容的增塑剂。增塑剂与橡胶的相容性越小，硫化胶的弹性越差。

④ 提高交联密度，硫化胶弹性增大，超过最大值后反而会减小。

⑤ 在天然橡胶中，采用能形成多硫键的硫化体系可增加弹性。

24. 如何通过生胶类型来调整橡胶的拉伸强度？

胶料的拉伸强度并非越高越好，每一个橡胶制品有一个适宜的拉伸强度，强度过高有时是对材料的浪费，应重视材料的性价比。

从生胶方面调整橡胶的拉伸强度要考虑结晶性（特别是拉伸结晶）、分子间作用力（极性）、分子量及其分布，主要是前两个因素。

橡胶主链上极性基团极性大及分布密度高时，分子间相互作用的次价键力大大提高，拉伸强度提高，如氟橡胶、氯丁橡胶、氯磺化聚乙烯橡胶具有较高拉伸强度；且随极性取代基丙烯腈含量增加，丁腈橡胶拉伸强度增大。聚氨酯中含有由芳香基、氨基甲酸酯基或取代脲基等组成的刚性链段，这些链段内聚能很大，彼此缔合在一起，均匀分布在柔性链段的橡胶相中，常温下起着弹性交联点的作用，此即微相分离，微相分离程度越大，其分子间的作用力越大，拉伸强度越大。

结晶自补强橡胶（如天然橡胶、氯丁橡胶），结晶度提高，分子链排列紧密有序，孔隙率低，微观缺陷少，分子间作用力增强，使大分子链段运动较为困难，从而使拉伸强度提高。结晶性橡胶在拉伸条件下会产生应力诱导结晶，增强了分子间的作用，阻止了裂缝的增长，使拉伸强度大大提高。分子取向后，其性能会由各向同性转变为各向异性。

控制生胶分子量为 $(3.0\sim3.5)\times10^5$，随着分子量增大，分子间的相互作用力增大，胶料的内聚力提高，拉伸强度提高；但当分子量大到一定程度时，分子间次价键力之和已大于主链的化学键结合力，在拉伸力的作用下，分子间未能产生滑动前，化学键已遭破坏，出现主价键断裂，此时拉伸强度就与分子量的大小无关了。

控制生胶分子量分布 $\overline{M_w}/\overline{M_n}$ 为 2.5~3。低聚物部分含量大，即可能导致受拉伸力时分子键断裂，强度降低。

25. 橡胶品种对拉伸强度有什么影响？

在各级天然橡胶中，1 号烟片胶有最高拉伸强度，但在炭黑填充后，3 号烟片胶比 1 号烟片胶能给予胶料更高的拉伸强度。

低温乳聚丁苯橡胶比高温乳聚丁苯橡胶和溶聚丁苯橡胶具有更高的拉伸强度。在胶料中总填充油一定的情况下，用填充油丁苯橡胶会得到较高拉伸强度。

丙烯腈含量越高，丁腈橡胶强度越高。羧基化丁腈橡胶（配合适当氧化锌）

比普通丁腈橡胶具有更高的拉伸强度。

乙烯含量高的三元乙丙橡胶具有高拉伸强度。

26. 常见橡胶拉伸强度在多少范围?

常见橡胶拉伸强度如表 2-4 所示。

表 2-4　常见橡胶拉伸强度

胶种	天然橡胶	丁苯橡胶	聚丁二烯橡胶	氯丁橡胶	乙丙橡胶	丁基橡胶	丁腈橡胶	硅橡胶	氟橡胶	聚氨酯橡胶	氯醚橡胶	丙烯酸酯橡胶	氯化聚乙烯橡胶	氯磺化聚乙烯橡胶	再生橡胶
纯胶硫化胶拉伸强度/MPa	17~19	2~5	1~10	20~28	6~8	18~23	3~5	0.3~0.5	10~17	28~70	3~4	5~10	8~25	7~20	
补强硫化胶拉伸强度/MPa	25~35	25~28	17~25	20~24	10~30	19~23	25~30	4~10	10~17	28~70	10~20	12~18	15~25	10~20	5~14

27. 如何从硫化体系上提高胶料的拉伸强度?

主要通过硫化的交联密度、交联键类型来实现。

设计适当硫化体系,一般情况下,随着交联密度的增加,拉伸强度增大,并出现一个极大值,然后随着交联密度的增加,拉伸强度减小。拉伸强度的大小与能在变形时承受负荷的有效链的数量增加有关。适当的交联可使有效网链数量增加,而断裂前每个有效链能均匀承载,因而拉伸强度提高。但当交联密度过大时,交联点间分子量(M_c)减小,不利于链段的热运动和应力传递;此外交联度过高时,有效网链数减少,网链不能均匀承载,易集中于局部网链上。这种承载的不均匀性,随交联密度的加大而加剧,因此交联密度过大时拉伸强度下降。

选择适当硫化体系形成交联键,拉伸强度与交联键类型的关系,按下列顺序递减:离子键>多硫键>双硫键>单硫键>碳碳键。硫化橡胶的拉伸强度随交联键键能增加而减小,因为键能较小的弱键,在应力状态下能起到释放应力的作用,减轻应力集中的程度,使交联网链能均匀地承受较大的应力。另外,对于能产生拉伸结晶的天然橡胶而言,弱键的早期断裂,还有利于主链的取向结晶。因此具有弱键的硫化胶网络会表现出较高的拉伸强度。

通用二烯烃橡胶提高拉伸强度时，应采用硫黄-促进剂的传统硫化体系，并适当提高硫黄用量，同时促进剂选择噻唑类（如促进剂 M、DM）与胍类并用，并适当增加用量。但上述规律并不适用于所有的情况，例如炭黑补强的硫化胶强度对交联键类型的依赖关系就比较小，其原因可能是交联键的分布影响较大。此外，在高温和热氧化条件下使用的橡胶制品，其硫化体系的设计，必须使硫化网络中的交联键是耐热的。对氯丁橡胶采用亚乙基硫脲硫化，可保证胶料安全与健康要求，又能提高胶料的拉伸强度。

此外经低温长时间硫化也可得到高的拉伸强度。

28. 如何通过填料来调整胶料的拉伸强度？

对填料粒径（比表面积）、结构性、表面活性及用量进行调整是常采用的调整胶料拉伸强度的方法。

填料的粒径越小，比表面积越大，表面活性越大，则补强效果越好。要重视当填料粒径很小时混炼均匀性对胶料性能的影响，例如用 N110、N220 补强效果有时还不如 N330，这多数是 N110、N220 没有分散均匀的原因，配方可以考虑添加均匀分散剂。

填料的用量对不同橡胶的拉伸强度的影响，其规律也不尽相同。以结晶性橡胶（如天然橡胶、氯丁橡胶）为基础的硫化橡胶，拉伸强度随填充剂用量增加，可出现单调下降。以非结晶性橡胶（如丁苯橡胶）为基础的硫化橡胶，其拉伸强度随填充剂用量增加而增大，达到最大值，然后下降。以低不饱和度橡胶（如三元乙丙橡胶、丁基橡胶）为基础的硫化橡胶，其拉伸强度随填充剂用量增加，达到最大值后可保持不变。对热塑性弹性体而言，填充剂只能使其拉伸强度降低。

填充剂的最佳用量与填充剂的性质、胶种以及胶料配方中的其他组分有关。例如炭黑的粒径越小、表面活性越大，达到最大拉伸强度时的用量越趋于减少；胶料配方中含有软化增塑剂时，炭黑的用量比未添加软化增塑剂的要大一些。一般情况下，软质橡胶的炭黑用量在 40～60 质量份时，硫化胶的拉伸性能较好。

选用比表面积大的沉淀法白炭黑，可有效提高胶料拉伸强度，如用硅烷偶联剂处理白炭黑则效果更好。

非补强填充剂如陶土、轻钙、滑石粉、白垩粉、石英粉等只能降低胶料的拉伸强度。

胶粉只能使胶料拉伸强度下降，并且粒径越大，强度下降越大。

29. 如何通过软化增塑剂来调整胶料的拉伸强度?

通过改变软化增塑剂品种和用量也可以达到调整胶料拉伸强度的目的。

一般来说,加入软化增塑剂会降低分子间作用力从而降低硫化橡胶的拉伸强度。

不同种类的软化增塑剂对胶种也有选择性。例如:芳烃油对非极性的不饱和橡胶(异戊橡胶、顺丁橡胶、丁苯橡胶)硫化胶的拉伸强度影响较小;石蜡油对它则有不良的影响;环烷油的影响介于两者之间。因此非极性的不饱和二烯类橡胶应使用含环烷烃的芳烃油,而不应使用含石蜡烃的芳烃油。

有些固体软化增塑剂(如固体古马隆、石油树脂)也有一定补强作用。

软化剂用量增加,胶料拉伸强度会下降。例如,在以天然橡胶为基础的胶料中,加入 10 质量份和 20 质量份石油系软化增塑剂时,其硫化胶的拉伸强度分别降低 4%和 20%;而同样加入 10 质量份和 20 质量份石油系软化增塑剂,在丁苯橡胶中则分别降低 20%和 30%;同样的情况在顺丁橡胶/丁苯橡胶(1∶1)并用的硫化胶中强度基本不变化。

但有时添加少量(不超过 5 质量份)软化增塑剂,硫化胶的拉伸强度还可能增大,因为胶料中含有少量软化增塑剂时,可改善炭黑的分散性和均匀性。例如填充炭黑的丁腈橡胶胶料中,加入 10 质量份以下的邻苯二甲酸二丁酯(DBP)或邻苯二甲酸二辛酯(DOP)时,可使拉伸强度提高;达到最大值之后,若继续增加软化增塑剂用量,则丁腈橡胶拉伸强度急剧下降。

对非极性的不饱和橡胶(异戊橡胶、顺丁橡胶、丁苯橡胶),芳烃油的用量为 5~15 质量份。对于饱和的非极性橡胶如丁基橡胶、乙丙橡胶,最好使用不饱和度低的石蜡油和环烷烃油,用量分别为 10~25 质量份和 10~50 质量份。对于极性的不饱和橡胶如丁腈橡胶、氯丁橡胶,最好采用芳烃油和酯类软化增塑剂,其用量分别为 5~30 质量份和 10~50 质量份。

30. 提高胶料的拉伸强度还有哪些方法?

① 并用或共混。橡橡共混,如 VMQ/EPDM、EPDM/NR;橡塑共混,如 NBR/PVC。

② 填充短纤维,长径比在(100∶1)~(200∶1)之间,经黏合剂处理后短纤维效果更好。

③ 在非补强填料低填充的 SBR\NBR\CR 中,加入 15~25 质量份的烃类树脂如煤焦油树脂可有效提高拉伸强度。

④ 避免使用化学增塑剂（塑解剂）。

⑤ 选用反应型生胶，如反应型三元乙丙橡胶（2%马来酸酐改性）、反应型丁二烯橡胶（羧基化）。

⑥ 提高混炼分散效果、相混炼、母料混炼、避免杂质混入、取向、低温长时间硫化、减压硫化等均能提高胶料拉伸强度。

31. 如何设计一个拉伸强度高的橡胶配方？

① 选用自身强度高的橡胶，如 NR（3 号以上烟片胶、5 号以上标准胶）、CR、氢化丁腈橡胶（HNBR）、聚氨酯橡胶（PUR）、FPM 等。

② 橡胶和某些树脂共混。如丁苯橡胶与高苯乙烯树脂共混，天然橡胶与聚乙烯树脂共混，丁腈橡胶与聚氯乙烯树脂共混，乙丙橡胶与聚丙烯树脂共混等，都可以提高胶料的拉伸强度。值得注意的是天然橡胶与高苯乙烯树脂并用时，由于高苯乙烯的掺入影响了天然橡胶的结晶性，导致拉伸强度下降。

③ 选用高活性的补强填料，如黑色制品选用炭黑 N110、N220、N330，用量控制在其最佳用量范围内，一般为 40～55 质量份，具体的最好通过试验来确定。浅色、彩色制品选用超细白炭黑、气相白炭黑，同样也存在最佳用量。半活性炭黑和其他填料如活性碳酸钙、陶土和无活性填料不可使用，也不要添加胶粉和再生胶。

④ 添加填料表面活性剂和偶联剂，如用硅烷偶联剂以及各种表面活性剂对填料表面进行处理，可改善填料与大分子间的界面亲和力，不仅有助于填料的分散，而且可以改善硫化胶的力学性能。

⑤ 添加分散均匀剂可以提高填料分散效果，也可提高拉伸强度。

⑥ 选用适应胶种的硫化体系，常用橡胶还是以普通硫黄硫化体系为主。

⑦ 在保证工艺性前提下，控制软化增塑剂用量在 5 质量份左右，这一用量可改善配合剂（主要是填料）分散效果，使胶料强度较高。也可考虑采用大分子或液体橡胶作为软化增塑剂。

⑧ 过氧化物硫化体系可采用硫化助剂（如硫黄、TAIC、HVA-2）来改善强度，氢化丁腈橡胶和丁腈橡胶中可以添加少量甲基丙烯酸锌、甲基丙烯酸镁。

32. 如何配制在高温下具有较高拉伸强度的胶料？

主要是胶种选择。硅橡胶在极高温度下比其他所有橡胶的高温拉伸强度都高；高温结晶三元乙丙橡胶、W 型氯丁橡胶也具有较高的高温拉伸强度。NR 与SBR 共混可提高丁苯橡胶高温拉伸强度。10～20 质量份白炭黑可提高胶料高温拉伸强度和撕裂强度。

33. 如何配制高伸长率的胶料?

生胶黏度适当降低,含胶率要高。增塑天然橡胶、低温乳聚丁苯橡胶具有较高的伸长率。填料粒径大、比表面积小、结构性低、用量少则胶料伸长率高。硫黄硫化比过氧化物硫化、高硫体系比低硫体系、过氧化物+硫黄比单纯过氧化物硫化具有较高伸长率。小粒径滑石粉代替相同用量炭黑胶料可得较高伸长率,而且对拉伸强度影响较小。避免使用短纤维。此外提高胶料分散效果,适度欠硫都可提高伸长率。

34. 如何调整胶料的撕裂强度?

橡胶的撕裂是由于材料中的裂纹或裂口受力时迅速扩大开裂而导致破坏的现象,撕裂强度是衡量橡胶制品抵抗破坏能力的特性指标之一。

橡胶的撕裂一般是沿着分子链数目最小即阻力最小的途径发展,而裂口的发展方向是选择内部结构较弱的路线进行,通过结构中的某些弱点间隙形成不规则的撕裂路线,从而促进了撕裂破坏。

控制生胶分子量,随分子量增加,分子间的作用力增大,相当于分子间形成了物理交联点,因而撕裂强度增大;但当分子量增高到一定程度时,其撕裂强度不再增大,逐渐趋于平衡。

对于结晶性,结晶性橡胶(如天然橡胶、氯丁橡胶)在常温下的撕裂强度比非结晶性橡胶高。但当与其他橡胶并用后撕裂强度有明显下降。

PUR具有极高撕裂性能,高顺式IR、高顺式丁二烯橡胶撕裂强度较高,提高氯化聚乙烯橡胶中氯含量、丁苯橡胶中苯乙烯含量可使胶料具有更高撕裂强度。用羧基化丁腈橡胶代替部分普通丁腈橡胶、在SBR/EPDM/BR胶料中缓慢加入一定量的混炼型PUR也可提高撕裂性能。

撕裂强度开始时随交联密度增大而增大,但达到最大值后,交联密度继续增大,撕裂强度下降。也就是说在交联密度适当时,撕裂强度存在峰值,这和拉伸强度与交联密度的关系相似,但撕裂强度的峰值对应的交联密度比拉伸强度的小。

因此一般情况下,为了获得最大的撕裂强度,硫化时间(硫化程度)要小于工艺正硫化时间,过硫化使撕裂强度下降。

交联键型对撕裂强度也有很大的影响,一般情况下,多硫键具有较高的撕裂强度,故在选用硫化体系时,要尽量使用传统的硫黄-促进剂-活性剂的硫化体系。丁苯橡胶的硫黄硫化体系的撕裂强度约为过氧化物硫化体系的2~3倍,但过硫撕裂强度会显著降低。产生单硫键和双硫键为主有效硫化体系代替普通硫化体系时，撕裂强度明显降低，但过硫化对其影响不是很大。

过氧化物硫化体系产生碳碳交联键，胶料撕裂强度更低，但配用少量硫黄（0.1～0.5 质量份）可较明显提高撕裂强度，配用其他助交联剂也有效。对于三元乙丙橡胶，采用过氧化二异丙苯（DCP）/硫黄/促进剂组合硫化体系的撕裂强度比硫黄/促进剂组合体系的还好，硫黄用量以 2.0～3.0 质量份为宜，促进剂选用中等活性、平坦性较好的品种，如 DM、CZ 等。

与拉伸强度类似，当胶种确定后，采用填料来调节胶料的撕裂强度也是最常用的方法，可调的有填料的品种、粒径、结构性、氧化程度（表面性）及用量等。

在橡胶中加入活性炭黑可以改进撕裂强度，这对于无自补强的丁苯橡胶、丁腈橡胶、顺丁橡胶、丁基橡胶等尤为显著。此外，加入炭黑还可降低硫化体系对撕裂强度的效应，减少撕裂强度随温度升高而下降的程度。

选择不同炭黑的粒子、结构性、氧化程度等对撕裂强度影响很大。随炭黑粒径减小，撕裂强度增加。在粒径相同的情况下，结构度较低的炭黑对撕裂强度的提高有利。一般合成橡胶使用炭黑补强时，都可明显地提高撕裂强度。一般来说，撕裂强度达到最佳值时所需的炭黑用量，比拉伸强度达到最佳值所需的炭黑用量高。

橡胶中加入白炭黑（30 质量份以上）也可以大大提高撕裂强度，经过表面处理后气相法白炭黑增强硅橡胶的力学性能优异，特别是拉伸强度和撕裂强度更好，这是因为新型气相法白炭黑经过表面处理后，与硅橡胶结合得更好，更有利于分散。用有机硅烷处理沉淀白炭黑可以提高撕裂性能，但用巯基硅烷偶联剂会使胶料撕裂强度下降。松香衍生物（如松香氰化物树脂）和芳香树脂（如香豆酮树脂）用白炭黑填充胶料可提高撕裂性。

在轮胎胎面胶中加入少量的活性或超细胶粉（5 质量份左右）也可提高胶料撕裂强度，但会降低拉伸强度。此外，使用短纤维也可提高撕裂强度。

细粒径的滑石粉替代部分炭黑，可提高胶料撕裂性能和抗切口增长。

添加无补强性的填料，如陶土、碳酸钙等并不能得到高撕裂强度，反而会降低胶料的撕裂强度。

通过优化混炼工艺，可以提高补强填料分散性。共混物通过相混炼技术也能提高胶料撕裂性能。

35. 常见橡胶撕裂强度范围是多少？

常见橡胶的撕裂强度如表 2-5 所示。

表2-5 常见橡胶的撕裂强度

序号	胶种	撕裂强度/（kN/m）	序号	胶种	撕裂强度/（kN/m）
1	NR	35～170	10	CSM	10～40
2	IR	30～160	11	均聚氯醚橡胶（CO）	10～57
3	SBR	24～59	12	PUR	20～130
4	BR	5～55	13	甲基硅橡胶（MQ）	5～39
5	CR	30～70	14	VMQ	5～12
6	NBR	12～85	15	热塑性聚氨酯橡胶（TPU）	20～120
7	IIR	8～80	16	热塑性硫化橡胶（TPV）	10～70
8	EPDM	6～50	17	烯烃系TPE（TPO）	60～95
9	ACM	20～32	18	苯乙烯-丁二烯-苯乙烯嵌段共聚物（SBS）	35～54

在高温下，橡胶的撕裂强度均有所降低，如表 2-6 所示。填充炭黑后的硫化胶撕裂强度均高于纯胶胶料。丁基橡胶的炭黑填充胶料，由于内耗较大，分子内摩擦较大，将机械能转化为热能，高温下撕裂强度较高。

表2-6 不同温度下橡胶的撕裂强度　　　　　单位：kN/m

橡胶类型	纯胶胶料撕裂强度				炭黑胶料撕裂强度			
	20℃	50℃	70℃	100℃	25℃	30℃	70℃	100℃
NR	51	57	56	43	115	90	76	61
CR（GN型）	44	18	8	4	77	75	48	30
IIR	22	4	4	2	70	67	67	59
SBR	5	6	5	4	39	43	47	27

36. 拉伸强度越高撕裂强度也越高吗？

不一定，当胶种相同、配合体系相近时，一般是拉伸强度越高撕裂强度也越高。当胶种和配合体系不同，拉伸强度和撕裂强度之间关系就不确定了。

37. 如何调节橡胶的定伸应力?

定伸应力是试样被拉伸到一定长度时单位面积所承受的负荷,是用来表征橡胶材料刚性的重要指标,常用的有100%、300%、500%定伸应力,是橡胶模量的一种表示形式。定伸应力与硬度均表征材料抵抗变形的能力,定伸应力与较大的拉伸形变有关,而硬度则与小的压缩形变有关。对于一个具体制品,定伸应力既不是越大越好,也不是越小越好,一般控制在某一个范围内。调整定伸应力主要是通过调整胶种、硫化体系、填充补强体系的配合来实现。

橡胶分子量越大,则游离末端数越少,有效链数越多,定伸应力越大。

橡胶分子链刚性和分子间作用力对定伸应力影响较显著,在橡胶大分子主链上带有极性原子或极性基团的 CR、NBR、ACM、PU 等橡胶,分子间作用力大,胶料的定伸应力较大。

在丁苯橡胶中,如分子中有少量的苯乙烯嵌段,可以提高胶料的模量。天然橡胶环氧化,也可以提高胶料的模量。快速结晶氯丁橡胶比普通氯丁橡胶模量高。

结晶橡胶在拉伸时会产生结晶,结晶后分子排列紧密有序,结晶形成的物理结点也增加了分子间的作用力,定伸应力较高。

要想得到极低硬度(15~20)胶料,可用聚降冰片烯加入适量的油获得。

硫化体系可从两个方面调节胶料的定伸应力,一是硫化程度,二是交联键型。适当提高其硫化程度,在一定范围内,交联密度增加,硫化胶的定伸应力增加。通常交联密度的大小是通过调整硫化体系中的硫化剂、促进剂、活性剂等配合剂的品种和用量来实现的,其中主要是硫化剂和促进剂的品种和用量,交联密度和硫黄用量与促进剂用量乘积的平方根成正比。活性高的促进剂,可提高胶料的定伸应力。秋兰姆类、胍类和次磺酰胺类促进剂的活性较高,其硫化胶的定伸应力也比较高。TMTD 具有多种功能,兼有活化、促进及硫化的作用,因此采用 TMTD 可以有效地提高胶料的定伸应力。过氧化物硫化体系添加硫化助剂 TAIC、HVA-2 可提高交联程度。

当硫化程度一定时,选择—C—C—交联键为主的硫化胶,定伸应力迅速增大,而以多硫键为主的硫化胶,定伸应力增大的速度非常缓慢。总的来说,硫化程度增大到一定程度时,定伸应力按下列顺序递减:—C—C—>—C—S—C—>—C—S$_x$—C—。这是因为多硫键应力松弛的速度比较快。在配方设计中,为了保持硫化胶定伸应力恒定不变,需要减少多硫键含量而减少硫黄用量时,应当增加促进剂的用量,使硫黄用量和促进剂用量之积(硫黄用量×促进剂用量）保持恒定。

对氯化聚乙烯橡胶胶料，在用含噻二唑的硫化体系时，提高氯化聚乙烯橡胶中氯含量可提高交联密度，进而提高胶料硬度和模量。促进剂双（二异丙基硫代磷酰基）二硫化物（DIPDIS）与噻唑类促进剂有协同作用，可使胶料具有较高交联密度。

在硫黄硫化体系中，如果氧化锌用量低于 3 质量份时胶料的模量会降低。而在硫黄-次磺酰胺硫化体系中，增加硬脂酸锌的用量，可提高胶料模量。

对于过氧化物硫化体系，配合芳烃油等芳香类配合剂、胺类防老剂等时，其产生的过氧化物自由基会从芳香类结构中吸取不稳定的氢，使自由基失去活性，降低交联密度，硬度与模量也会相应降低。而选用喹啉类防老剂对交联密度影响小。对于三元乙丙橡胶，选用 2-巯基甲基苯并咪唑锌盐（ZMTI）作为抗氧剂，不仅可以改善胶料的耐热性，而且还可提高模量。使用助交联剂也可提高交联密度，常用助交联剂有 MBM、HVA-2、氰尿酸三烯丙酯（TAC）、TAIC、ADC、AMA、甲基丙烯酸酯类、丙烯酸酯类、液体聚合物类物质。

当采用过氧化物与硫黄混合硫化体系，硫黄用量低于 0.20 质量份时可提高胶料模量，但硫黄用量超过 0.20 质量份时，模量反而会大幅度下降。

调整填料的品种和用量是调整硫化胶定伸应力的主要方法，其效果比生胶和硫化体系要大得多。

提高填料用量，橡胶中加入填料将使刚性增大，定伸应力增大。

选用结构性高、粒径小、活性大的填料，胶料定伸应力高。在炭黑用量相同的情况下，结构性对定伸应力的影响最大，这是因为炭黑的结构性高，说明该炭黑聚集体中存在的空隙较多，其硫化胶中橡胶大分子的有效体积分数也相应减少较多。

采用高长宽比和高表面积比的矿物填料（纤维状和片状），可有效提高胶料的硬度。硬脂酸处理碳酸钙、硅烷处理陶土和滑石粉、钛酸处理二氧化钛可提高胶料的硬度。

使用气相法白炭黑可以更有效提高胶料硬度和模量，当要求胶料有一定刚性时可使用高比表面积沉淀白炭黑。同样用硅烷偶联剂也可提高胶料硬度和模量。

当混炼炭黑填充胶料时，通过高温混炼可提高填料与橡胶之间的相互作用，进而提高胶料硬度和模量。

对于半有效和有效硫化体系，可采用低温长时间硫化提高胶料交联密度。

38. 在硬度变化不大（邵氏 A 硬度不大于 3）的基础上，有什么方法能提高定伸应力?

提高混炼胶的拉伸强度也能提高 300% 定伸应力。可从下面几个方面入手。

在胶种不变时，选用分子量高（门尼黏度高）、易结晶的型号。如吉化、齐鲁型丁苯胶的定伸应力要比一般的丁苯胶（如兰化、抚顺、浙晨等）高。

采用二段混炼（一段制炭黑母胶、停放数小时后加硫 ），并且炼母胶时最后加软化剂和少部分炭黑（软化剂后加可提高 300% 定伸应力，和炭黑一起后加可防止转子打滑）。

如使用再生胶应选用高强度的再生胶，如果有好的混炼条件，先炼母胶，二段混炼时母胶、再生胶、硫黄、促进剂一起加。

选用拉伸强度和 300% 定伸应力都高的 "3" 开头的高结构炭黑，如 N330、N339、N358、N375 炭黑，其中 N358 炭黑 300% 定伸应力最高，N339 其次，N375 第三，N330 第四。

提高交联程度，适当增加硫黄、促进剂的用量（但保证合适的焦烧时间）。

添加偶联剂和抗硫化还原剂。

液体油适当比例换成树脂或低聚合度液体橡胶。

硫化时间适当延长，以提高交联密度。

39. 橡胶磨耗有哪些形式?

耐磨性用来表征硫化胶抵抗摩擦力作用下因表面破坏而使材料损耗的能力，是橡胶材料多种力学性能综合的结果，与胶料硬度、拉伸强度、撕裂强度、定伸应力等有较大的关系，同时与摩擦面状况和条件也有密切关系。耐磨性是与橡胶制品使用寿命密切相关的力学性能。

橡胶的磨耗种类有三种。

（1）磨损磨耗

橡胶制品在粗糙表面上工作时，由于被摩擦表面上凸出的尖锐粗糙物不断切割、刮擦，致使橡胶表面局部接触点被切割、扯断成微小的颗粒，从橡胶表面上脱落下来，形成磨损磨耗（又称磨粒磨耗、磨蚀磨耗）。在粗糙路面上速度不高时胎面的磨耗，就是以这类磨耗为主。

磨耗强度越大，耐磨性越差，磨耗强度与压力成正比，与硫化胶的拉伸强度成反比，随回弹性提高而下降。

（2）滚动（卷曲）磨耗

橡胶与光滑表面接触时，由于摩擦力的作用，硫化胶表面的微凹凸不平的地方发生变形，并被撕裂破坏，成卷地脱落表面。当摩擦力及滑动速度大、温度高时尤其显著。

（3）疲劳磨耗

与摩擦面相接触的硫化胶表面，在反复的摩擦过程中受周期性压缩、剪切、拉伸等形变作用，橡胶表面层产生疲劳，并逐渐形成疲劳微裂纹。这些裂纹的发展造成材料表面的微观剥落。疲劳磨耗强度，随橡胶弹性模量、压力提高而增加，随橡胶拉伸强度降低和疲劳性能变差而加大。

40. 如何设计高耐磨的橡胶配方？

首先选择耐磨性好、分子量高的橡胶，聚氨酯橡胶是所有橡胶中耐磨性最好的一种。聚氨酯橡胶的耐磨性比其他橡胶高 10 倍以上，常温下具有优异的耐磨性，但在高温下它的耐磨性会急剧下降。在通用的二烯类橡胶中，玻璃化转变温度低、分子链柔顺的充油丁苯橡胶（SBR-1712）硫化胶的磨耗量比 SBR-1500 高 1～2 倍。顺式高的橡胶具有较高的耐磨性。几种最常见橡胶耐磨性顺序为：BR>溶聚 SBR>乳聚 SBR>NR>IR，并用胶耐磨性顺序为：SBR/BR>NR/BR>NR/SBR。在丁苯橡胶中加入 1%丁二烯橡胶耐磨性可提高 1%，而天然橡胶中丁二烯橡胶用量只有超过 50%才能表现出对耐磨性的贡献。NR/ BR（50/50）并用胶耐磨性比纯天然橡胶高出 20%，SBR/ BR（50/50）并用胶耐磨性比纯丁苯橡胶高出 46%。丁腈橡胶的耐磨性随丙烯腈含量的增加而提高。羧基化丁腈橡胶耐磨性更好。高温下，HNBR 耐磨性高于 PUR。在 NR、BR、SBR、CR、EPDM 中加入少量的 PUR、TOR（反式聚辛烯橡胶）可提高耐磨性。三元乙丙橡胶的耐磨性与丁苯橡胶相当。

胶料刚性（硬度）提高，疲劳磨耗及冲击磨耗加剧，磨损磨耗及卷曲磨耗缓解。耐疲劳胶料邵氏 A 硬度范围为 35～55，耐冲击胶料邵氏 A 硬度范围为 50～70。

其次是填料选用，填充补强剂的品种、用量和分散程度对橡胶的耐磨性有很大的影响。通常随炭黑粒径减小，比表面积、表面活性、结构度和分散性增加，而橡胶的耐磨性提高。但是如果炭黑的粒径过细，会引起滞后增加，生热升高，影响炭黑分散，进而降低耐磨性。对磨损程度低的胎面胶料，一定要选择高比表面积和一次结构粒径分布窄的炭黑；对磨损程度高的胎面胶料，一定要选择高结构度的炭黑，炭黑一次结构粒径分布几乎没有影响。因此炭黑具有足够细的粒径和足够高的结构性才能赋予胶料较高的耐磨性。用长链结构的炭黑代替普通炭黑可有效提高胶料的耐磨性。避免不同类型炭黑的并用。

炭黑-偶联剂可提高胶料弹性和模量，白炭黑-提供多硫键的硅烷偶联剂可以显著改善胶料的耐磨性。加入少量的芳纶纤维，可提高垂直于纤维排列方向的耐磨性。

炭黑的用量与硫化胶耐磨性的关系曲线有一最佳值，各种橡胶的最佳填充量，按下列顺序增大：NR<IR<非充油 SBR<充油 SBR<BR。天然橡胶中的最佳用量为 45～50 质量份；异戊橡胶和非充油丁苯橡胶中为 50～55 质量份；充油丁苯橡胶中为 60～70 质量份；顺丁橡胶中为 90～100 质量份。一般用作胎面胶的炭黑最佳用量，随轮胎使用条件的苛刻程度的提高而增大。

填充新工艺炭黑的硫化胶耐磨性比普通炭黑的耐磨性提高 5%。用硅烷偶联剂处理的白炭黑也可以提高硫化胶的耐磨性。

一般提高胶料交联密度可提高耐磨性，多硫键耐磨性高于碳碳键，在过氧化物硫化体系中加入助交联剂可提高胶料的耐磨性。

软化剂存在一个最佳用量，通常在胶料中加入较多软化增塑剂能降低硫化胶的耐磨性。但少量加点石油树脂会提高耐磨性。

在疲劳磨耗的条件下，胶料中添加防老剂可改进耐热、耐疲劳破坏的性能，能有效地改进耐磨性。通过轮胎的实际使用试验证明，防老剂能提高轮胎在光滑路面上的耐磨性。防老剂最好采用能防止疲劳老化的品种。具有优异的防臭、防老化性能的对苯二胺类防老剂，尤其是 4010NA，效果突出。防老剂 N,N'-二苯基对苯二胺（DPPD）也有防止疲劳老化的效果，但喷霜使其应用受到限制。

橡胶中加入高苯乙烯、PE、PP、PVC、聚酰胺、聚甲醛等，使表面更加光滑，提高耐磨性。

橡胶中加入短纤维可提高耐磨性。

改善炭黑在胶料中的分散性（胶料的回炼）可提高耐磨性。在混炼过程中对胶料进行"热处理"（高容量长时间混炼）或采用相混炼技术也可提高胶料的耐磨性。

添加二硫化钼、石墨粉、四氟乙烯粉末、硅油也可提高胶料耐磨性。

油酸四胺、芥酸四胺等加入胶料迁移表面后会降低摩擦力从而提高耐磨性。在胶料中添加补强树脂即可溶性酚醛树脂+六亚甲基四胺（HMT）或 2,4,6-三[双(甲氧基甲基)氨基]-1,3,5-三嗪（HMMM）可大大提高硬度和耐磨性。

41. 如何提高胶料的抗湿滑性?

对于普通胶，主要用天然橡胶、丁苯橡胶、顺丁橡胶的胶料，要保持良好抗湿滑性，一是三者并用量协调，二是橡胶型号，对丁苯橡胶可以改乳聚丁苯为溶聚丁苯，对于顺丁橡胶可以考虑选用 1,2 结构含量较高的聚丁二烯橡胶或并用聚 1,2-丁二烯橡胶。

42. 除考虑橡胶的常规配合体系外, 还有哪些方法可提高耐磨性?

除橡胶的配合体系，提高橡胶的耐磨性的方法如下所示。

(1) 炭黑改性剂

添加少量含硝基化合物的改性剂，可改善炭黑的分散度，提高炭黑与橡胶的相互作用，降低硫化胶的滞后损失，可使轮胎的耐磨性提高 3%～5%。

(2) 硫化胶表面处理

使用含卤素化合物的溶液和气体，对丁腈橡胶硫化胶的表面进行处理，可以降低制品的摩擦系数，提高耐磨性。例如将丁腈橡胶硫化胶板浸入 0.4%溴化钾和 0.8%$(NH_4)_2SO_4$ 组成的水溶液中，经 10min 就能获得摩擦系数比原胶板低 50%的耐磨胶板。

用石墨对硫化胶进行表面处理，也可降低摩擦力，提高耐磨性。

(3) 应用硅烷偶联剂和表面活性剂改性填料

使用硅烷偶联剂 A-189（γ-巯基丙基三甲氧基硅烷）处理的白炭黑，填充于丁腈橡胶胶料中，其硫化胶的耐磨性明显提高。用硅烷偶联剂 A-189 处理的氢氧化铝填充的丁苯橡胶，以及用硅烷偶联剂 Si-69 处理的白炭黑填充的三元乙丙橡胶，其硫化胶的耐磨性均有不同程度的提高。

(4) 采用橡胶-塑料共混的方法

橡塑共混是提高硫化胶耐磨性的有效途径。例如用丁腈橡胶和聚氯乙烯共混所制造的纺织皮辊，其耐磨性比单一的丁腈橡胶硫化胶提高 7～10 倍。丁腈橡胶与三元尼龙、酚醛树脂共混均可提高硫化胶的耐磨性。

(5) 添加固体润滑剂和减磨性材料

例如在丁腈橡胶胶料中，添加石墨、二硫化钼、氮化硅、碳纤维等，可使硫化胶的摩擦系数降低，提高其耐磨性。

43. 怎么制备低密度（1.0g/cm³以下）白色耐磨胶?

总的原则是采用低密度的浅色材料。

生胶采用 NR、BR、SBR，不要采用高密度的极性橡胶如 CR、NBR 等，并保持较高的含胶率。

硫化体系中氧化锌配合量尽可能少，或采用硬脂酸锌。

填料以白炭黑为主，也要保持配合量。用量在 10～20 质量份。

钛白粉用量 3～7 质量份，并配有少量群青。

软化增塑剂用量依据胶料硬度要求而定，一般在 5 质量份左右，可用石蜡油、环烷烃油、白机油、锭子油、凡士林等无色、浅色软化剂。

防老剂选择污染性小或无污染的，如 2-巯基苯并咪唑（MB）、2,4,6-三叔丁基酚（246）等。

44. 配方中，添加适量的再生胶能提高橡胶耐磨性吗?

添加再生胶一般不能增加耐磨性，因为再生胶主要结构为小网络和分子量小的线型分子，强度低、弹性差、不耐磨、不耐撕裂及屈挠。但是再生胶易与配合剂凝合，从而对塑性有贡献，混炼时能减少生热量。掺用再生胶胶料流动性好，易于压出、压延，而且压延时的收缩性和压出时的膨胀性小，半成品表面缺陷少，同时胶料硫化速度快；掺用再生胶，还可提高制品耐油和耐碱性能，改善制品耐自然老化和耐热氧老化性能。但加少量精细胶粉可以提高耐磨性。

45. 如何设计耐疲劳胶料?

首先要清楚是定应力疲劳还是定应变疲劳。

对于不同种类的生胶，主要考虑如下几个方面：

玻璃化转变温度（T_g）低的橡胶耐疲劳性较好，因为 T_g 低的橡胶，其分子链柔顺，易于活动，分子链间的次价键力弱。

有极性基团的橡胶耐疲劳性差，因为极性基团是形成次价键的原因。

分子内有庞大基团或侧基的橡胶，耐疲劳性差，因为庞大基团或侧链的位阻大，有阻碍分子沿轴向排列的作用。

结构序列规整的橡胶，容易取向和结晶，耐疲劳性差。

对于天然橡胶和丁苯橡胶，当拉伸应变小时，天然橡胶的疲劳寿命比丁苯橡胶小，这是因为丁苯橡胶的 T_g 高于天然橡胶，其分子的应力松弛机能在此时占支配地位；拉伸应变大时，天然橡胶的疲劳寿命比丁苯橡胶的大。其原因在于天然橡胶具有拉伸结晶性，在此时阻碍微破坏扩展占了支配地位。可见，天然橡胶适合大应变振幅制品，而丁苯橡胶适合小应变振幅的制品以及压缩制品。

其次是硫化体系，交联剂的用量（交联程度）与疲劳条件有关，对于定负荷疲劳来说，应增加交联剂的用量。这是因为交联剂用量愈大，交联密度就愈大，承担负荷的分子链数目增多，相对的每一条分子链上的负荷也相应减轻，从而使耐疲劳破坏性能提高。而对于应变一定的疲劳条件来说，应减少交联剂的用量，因为在应变一定的条件下，交联密度增大，会使每一条分子链的紧张度增大，其中较短的分子链就容易被扯断，结果使耐疲劳破坏性下降。

交联键柔性好，硫化胶的耐疲劳破坏性好，交联键柔性是由交联键键能和交联键总长（交联键上原子数量）所决定的。例如用传统的硫化体系和有效硫化体系硫化的硫化胶，当变形为0～100%时，其疲劳寿命分别为34万次和22.5万次。这是由于普通（传统）的硫化体系主要形成多硫键体系。

填料的类型和用量对硫化胶耐疲劳破坏性的影响，在很大程度上取决于硫化胶的疲劳条件。

在应变一定的疲劳条件下，增加炭黑用量，耐疲劳破坏性降低。

在应力一定的条件下，增加炭黑用量耐疲劳破坏性提高。选用结构度较高、补强性好的炭黑，炭黑粒子周围易产生较多的稠密橡胶相，可提高硫化胶的耐疲劳破坏性。活性大补强性好的炭黑可提高天然橡胶、异戊橡胶、丁苯橡胶硫化胶的抗裂口扩展强度。

在白色填料中，白炭黑可以提高硫化胶的耐疲劳破坏性能。

与橡胶没有亲和性的填充剂对硫化胶的耐疲劳破坏性有不良的影响，惰性填料的粒径愈大，填充量愈大，硫化胶的耐疲劳性愈差。

普通的软化增塑剂大都降低拉伸强度及机械损耗，通常可降低硫化胶的耐疲劳破坏性，尤其黏度低、对橡胶有稀释作用的软化增塑剂，会降低橡胶的玻璃化转变温度（T_g），对拉伸结晶不利，因而会对耐疲劳破坏性能产生不良影响。配方设计时应尽可能选用稀释作用小的黏稠性软化增塑剂。

反应型软化增塑剂有时则能增强橡胶分子的松弛特性，使拉伸结晶更容易，反而能提高耐疲劳破坏性。

关于软化增塑剂，一般来说，应尽可能少用，以提高硫化胶的耐疲劳破坏性。但使用能增加橡胶分子松弛特性的软化增塑剂时，增加其用量则能提高耐疲劳破坏性。

橡胶疲劳产生热量，使胶料的温度升高，加速老化，同时力的作用降低氧化活化能，这些都能降低疲劳寿命。

另外由于疲劳破坏发生在局部表面，因此加入能在硫化胶网络内迅速迁移的防老剂，对硫化胶的长时间疲劳可起到有效的防护作用。但应防止防老剂从制品表面上挥发或被介质洗掉。为提高其防护作用的持久性，建议采用芳基烷基和二烷基对苯二胺。

防老剂的防护效果还与硫化体系有关，它对硫黄硫化胶防护效果最好，而对过氧化物硫化胶的防护效果最差。当防老剂使用适宜时，天然橡胶硫化胶的临界撕裂能可增加一倍。

46. 橡胶配方设计时，在哪些方面能提升橡胶件的耐压缩疲劳寿命？

生胶方面：

丁二烯橡胶耐磨、屈挠性能好，但撕裂强度差。

丁苯橡胶对耐磨性有贡献，但生热、撕裂强度不如天然橡胶，可以少量采用。

并用还是单用，视需要自定。

硫化体系：

高硫低促还是低硫高促视使用情况而定；如果不能确定使用情况，高硫低促一般情况下比低硫高促耐疲劳性能好。适当增加氧化锌用量。

补强剂：

细粒子、高结构炭黑补强、耐磨性好，但生热大；粗粒子、低结构炭黑补强、耐磨性稍差，但生热低。白炭黑加少量为宜，过量易致生热大。尽量用低生热、粗的炭黑，少量并用特种白炭黑。

防老剂：

防老剂要用耐屈挠性好的防老剂。

化学防老剂和物理防老体系合理搭配。

47. 如何调整橡胶弹性大小？

从结构上讲橡胶分子柔顺性是影响胶料弹性大小的主要因素，顺丁橡胶、天然橡胶分子链的柔顺性好，弹性好。丁苯橡胶和丁基橡胶，由于空间位阻效应大，阻碍分子链段运动，分子柔顺性较差，弹性较差。丁腈橡胶、氯丁橡胶等极性橡胶，由于分子间作用力较大，而使弹性有所降低。对于结晶性橡胶，结晶的存在可作为物理结点使弹性网络趋于完善，有利于弹性增大；但同时结晶也增加了分子链的运动阻力，降低了弹性。所以，一般情况下，橡胶的结晶会使弹性下降。为降低天然橡胶的结晶能力，在天然橡胶胶料中并用部分顺丁橡胶，可使其硫化胶的弹性提高。

从分子量及其分布上选择分子量较大和分子量分布较窄的生胶，分子量越大，不能承受应力的、对弹性没有贡献的游离末端数就越少；另外分子量大，分子链内彼此缠结而导致的"准交联"效应增加。因此，分子量大有利于弹性的提高。分子量分布（$\overline{M_w}/\overline{M_n}$）窄的高分子量级越多，对弹性有利；分子量分布宽的，则对弹性不利。

对于硫化体系，交联密度是影响弹性的主要因素，硫化开始时交联密度增加，硫化胶弹性增大，并出现最大值，交联密度继续增大，弹性则呈下降趋势。适度的交联，可以减少或消除分子链间彼此的滑移，有利于弹性的提高。交联过度又会因分子链的活动受阻，而使弹性下降。

多硫键键能较小，对分子链段的运动束缚力较小、松弛快，因而回弹性较高。这种影响在天然橡胶硫化胶中表现最明显。在丁苯橡胶与顺丁橡胶并用的硫化胶中，随多硫键含量增加，回弹性也随之增大，特别是在温度较高的情况下。交联键键能较高、键长较短的—C—C—键和—C—S—C—键，在高温下的压缩永久变形比多硫键小。对于丁腈橡胶，DCP无硫硫化体系回弹性比常规硫化体系的高。高弹性硫化体系配合，一般选用噻唑类或次磺酰胺类作为主促进剂，胍类作为第二促进剂，硫化胶的回弹性较高，力学性能较好，滞后损失较小。

硫化胶的弹性完全是橡胶分子提供的，所以提高含胶率是提高弹性最直接、最有效的方法。为了获得高弹性，应尽量减少填充剂用量而提高生胶含量。

炭黑粒径越小，表面活性越大、结构性越高、补强性能越好，硫化胶的弹性越低。补强性高的活性炭黑对硫化胶的回弹性有不利的影响；炭黑的粒径大、结构性低（吸留胶少）、同橡胶缺乏表面化学结合的回弹性高；随各种炭黑用量增加，回弹性均下降。无机填料的影响程度与其用量和胶种有关。白炭黑的影响和炭黑的影响相似，一般来说，硫化胶的弹性随无机填料用量增加而降低，但是比炭黑降低的幅度小。加入50～70质量份无机填料时，硫化胶的弹性降低5%～9%。有些惰性填料（如重质碳酸钙、陶土），填充量不超过30质量份时，对硫化胶的弹性影响很小。

选择与橡胶相容性好的软化增塑剂，并尽可能降低用量，软化增塑剂与橡胶的相容性越小，硫化胶的弹性越差。一般来说，增加软化增塑剂的用量，会使硫化胶的弹性降低（但三元乙丙橡胶是个例外），所以在高弹性橡胶制品的配方设计中，应尽可能不加或少加软化增塑剂。但软化增塑剂同橡胶相容性好不一定回弹性高。例如，对于丁腈橡胶，加入酯类软化增塑剂的回弹性为41%～47%，而加入石油系软化增塑剂仅为22%～24%。但在IR、BR、SBR中加入石蜡烃又比加入芳烃油有更高的回弹性。

48. 如何提高高硬度浅色天然胶的回弹性？

可以调整硫化体系，更改硫化剂配比，适当提高交联程度。

少填充，主要是白炭黑品种选择好，适当使用碱性白炭黑，从而掌握好交联度。

加入偶联剂来改善无机物与有机物的连接。

调整活性剂品种和用量。

49. 如何减小NBR类产品的压缩永久变形？

主胶可选用低丙烯腈含量、中高门尼黏度的丁腈橡胶生胶。

采用有效硫黄硫化体系、过氧化物硫化体系［DCP+TAIC、BIPB（双叔丁基过氧化二异丙基苯）+TAIC］、复合硫化体系（硫黄+促进剂+DCP）。

采用N990（低压缩永久变形炭黑）、喷雾炭黑，调整N550、N770及软化剂的用量以满足物理性能及硬度要求。其中N550及软化剂尽量少用，对压缩永久变形不利。

二段硫化，不管过氧硫化或硫黄硫化体系，将模压出来的产品去毛边后放在烤箱中进行二段硫化（140℃×2h），可以加深硫化程度，对改善压边有一定好处。为进行二段硫化，可加点耐热的防老剂。

50. 弹性高的配方设计应注意哪些事项？

橡胶回弹性表征橡胶受力变形中可恢复的弹性变形大小。

橡胶分子间的相互作用会妨碍分子链段运动，作用于橡胶分子上的力一部分用于克服分子间的黏性阻力，另一部分使分子链变形，它们构成了橡胶的黏弹性。所以橡胶既有高弹性，又有黏性。

伸长率大永久变形小的橡胶，弹性好。

分子量大的橡胶弹性好。

分子量分布窄的橡胶弹性好。

分子链柔顺性好的橡胶弹性好。

橡胶结晶后使弹性变差。

分子间的作用力大，使弹性有所降低（如丁苯橡胶、丁腈橡胶）。

各橡胶（未填料）的回弹性顺序如下：BR>NR>EPDM>NBR-18>SBR>NBR-26>CR>NBR-40>IIR>ACM。

弹性随交联密度的增加出现最大值。多硫键有较好的弹性。

用高硫配效力低的促进剂（如醛胺类的 AA、808）有较好的弹性。

用噻唑和次磺酰胺类促进剂有较好的弹性。

对于丁腈橡胶，DCP 无硫硫化体系回弹性比常规硫化体系的高。

对于天然橡胶，采用半有效硫化体系的硫化胶弹性最好。其次是普通、有效硫化体系。

提高含胶率是提高回弹性最有效的办法。

加入粒径小、表面活性大、结构度高的填料使橡胶的回弹性降低。

胶料的弹性随填料用量的增加而降低。不过碳酸钙、陶土用量不超过 30 质量份时对弹性影响不大。

软化剂使橡胶的弹性降低（三元乙丙橡胶除外）。

51. 如何降低胶料压缩和拉伸永久变形?

生胶平均分子量大（门尼黏度高）的胶种可使胶料压缩永久变形减小。高结晶度三元乙丙橡胶、环氧化高丙烯腈天然橡胶用过氧化物硫化体系，可以形成 C—C 交联键，降低胶料的压缩永久变形。配用助交联剂可以增加体系的不饱和性获得较高交联密度，改善胶料压缩永久变形。

对 AEM（乙烯丙烯酸酯橡胶），如在传统的二胺类硫化体系［六亚甲基二胺氨基甲酸盐/二苯胍（HMDC/DPG）］加入过氧化二异丙苯（DCP）和聚 1,2-丁二烯能降低压缩永久变形。

对溴化丁基橡胶，用对苯二胺类如 N,N'-二-β-萘基对苯二胺（DNPD）与氧化锌一起作为硫化剂，可改善压缩永久变形。

对天然橡胶，使用二氨基甲酸乙酯作为硫化剂，压缩永久变形增加。

对氟橡胶，采用双酚硫化体系{AF/BPP[2,2-双(4-羟基苯基)六氟丙烷/邻苯二甲酸丁基苄酯]}，比胺类、过氧化物硫化体系具有更低的压缩永久变形。

高温长时间硫化可降低胶料压缩永久变形。

采用有效硫化体系 EV［低硫高促或硫载体（硫给予体）如 TMTD、DTDM(4,4'-二硫代二吗啉)代替或部分代替硫黄］比普通硫黄硫化体系可明显改善压缩永久变形。如三元乙丙橡胶低变形硫化体系"S 0.5/ZBDC（二苄基二硫代氨基甲酸锌）3.0/ZMDC（二甲基二硫代氨基甲酸锌）3.0/DTDM 2.0/TMTD 3.0"，二硫代双烷基苯（BAPD）和二硫代二己内酰胺（DTDC）共硫化 EPDM/NBR，胶料压缩永久变形很小。秋兰姆类和二硫代氨基甲酸酯类快速促进剂比噻唑和胺类促进剂能给予橡胶更多单硫键，压缩永久变形更低。

W 型氯丁橡胶比 G 型氯丁橡胶具有更低的压缩永久变形，使用二苯硫脲促进剂（A-1）可使胶料压缩永久变形较小，但防焦剂 N-环己基硫代邻苯二甲酰亚胺（CTP）会使压缩永久变形增大。用含硫脲类、丁醛与丁胺反应产物和 3-甲基噻唑-2-硫酮的硫化体系可降低胶料压缩永久变形。

选用 HVA-2 和次磺酰胺的硫化体系可使丁腈橡胶具有更低压缩永久变形。

降低填料用量、结构性和比表面积，提高填料表面活性，采用偶联改性填料都可降低压缩永久变形。白炭黑用量高于 25 质量份，胶料压缩永久变形就会变得很大。

后硫化会降低压缩永久变形。

52. 如何理解硫化体系对高温压变的影响？

硫化体系对高温压变的有利排序是：过氧化物硫化体系>有效硫黄硫化体系>半有效硫黄硫化体系>普通硫黄硫化体系。对应的交联键类型是～C—C～>～S～>～S—S～>～S—S—S～，越往左分解温度变得越高，越耐热，压变越好。

压变都是在一定温度下做的，温度会导致交联密度增加，网拉紧了，就会使橡胶尺寸收缩，压变过程中尺寸收缩了，压变自然就大了。从前面的硬度增幅来看，压变过程中交联密度增加得多，大概率是采用的高硫低促体系。照这个推论，高促低硫要比硫黄适当得多，载硫体适当少的硫化体系要差。

胶料的压变恢复性还和胶料的弹性有关（交联键的类型，交联密度的大小）。

在受力情况下，多硫键断裂交联会改变原有形状，压变大于有效硫黄硫化体系。

压变是在受力状态下，二次硫化则是常压。两种状态不可比。

相同交联键，交联密度增加了，尺寸自然比不交联的时候小了。当看到硫化曲线不平，还往上翘，就可认为后续压变不理想，可停止做压变了。

同理做压变前不管是过氧化物硫化还是硫黄硫化，可将胶料在烤箱中用不同温度先烤 1～2h。

一般来说，只要是过氧化物硫化的，都建议产品做二段硫化。硫黄硫化的要求比较少，硫黄硫化压变做二段硫化的大部分都是压变要求比较严格的。

53. 如何获得低压变浅色氢化丁腈橡胶？

① 选择浅色氢化丁腈橡胶。

② 不饱和度高的氢化丁腈橡胶可用硫黄硫化,不饱和度低的用过氧化物硫化。

③ 适当提高硫化剂用量。

④ 白炭黑用量在 50 质量份之内，可并用 15～20 质量份的碱性白炭黑。

⑤ 选用 A172 偶联剂。

⑥ 产品要进行二段硫化，150℃×4h。

54. 如何降低三元乙丙橡胶压变？

优选低乙烯高丙烯三元乙丙橡胶。

选用大粒径炭黑，如喷雾炭黑、热裂法炭黑。也可用喷雾炭黑代替部分普通炭黑。降低 8～10 质量份 N744，添加 10 质量份喷雾炭黑。

硫化体系用 DCP/硫黄或 TAIC，如 DCP 3 质量份、TAIC 1.5 质量份，增大交联密度。DCP 开炼时遇热融化容易产生损耗，操作的时候，可以加适量硅藻土或陶土、滑石粉（3～5 质量份）搅拌一下。可以加 0.1 质量份的硫黄延长焦烧期，但硫黄会影响压变。

有机酸对于 DCP 是有危害的，会降低交联程度。但为了不影响加工性能，最好不用 SA，换成脂肪酸盐类，比如脂肪酸锌，1 质量份即可，如用 SA，0.5 质量份即可。

减少防老剂，防老剂作为还原剂，特别是胺类的，对于无羧基的 DCP 是有危害的。

减少软化剂，优选高闪点石蜡油（300℃以上）。

此外还可延长硫化时间，采用二次硫化，增加适量硫化促进剂，提高交联密度。

55. 如何把邵氏 A 硬度为 80 左右的三元乙丙橡胶的压变调整在 20%（150℃×70h×20%）以下？

三元乙丙橡胶第三单体含量在 4% 左右，不饱和度高，热老化性能差，压变差。

炭黑选用 N774、N880、N990、喷雾炭黑，强度可用 N330、N550 调节。

可不用或少用软化剂。

硫化体系用过氧化物，适当硫化助剂。如果要求环保，过氧化物要选择气味小且环保的品种。硫化助剂为 TAIC 或三羟甲基丙烷三甲基丙烯酸酯（TMPTMA）。

56. 如何降低高硬度丁腈耐油胶（邵氏 A85 以上）永久变形?

丙烯腈含量的增加会使弹性变差，所以用中低丙烯腈含量的丁腈橡胶。

要提高交联密度，可提高硫黄用量，尽量减少白色填料（主要指普通白炭黑、陶土等）的用量，当然提高含胶量也可以，只是成本高了。

硫化体系采用半有效或有效硫化体系，过氧化物或镉镁硫化等压变更小，也可采用硫黄硫化体系与过氧化物硫化体系并用。

添加少量的补强性炭黑如 N330、N550、N660，较多粒径大的炭黑如喷雾炭黑、N880、N990。总用量 70~90 质量份。

如果可以并用的话可与其他弹性好的胶并用。

过氧化物硫化可通过添加甲基丙烯酸锌等交联助剂提高胶料弹性和硬度。

第3章

环境配方

57. 橡胶的耐寒性如何表征?

橡胶的耐寒性是指在规定的低温下，能保持橡胶弹性和正常工作的能力。硫化橡胶在低温下，由于松弛过程急剧减慢，硬度、模量和分子内摩擦增大，弹性显著降低，致使橡胶制品的工作能力下降，特别是在动态条件下尤为突出，当温度降至弹性极限使用温度时，橡胶会硬化与收缩，导致密封件泄漏失效。

表征橡胶耐寒性的参数有玻璃化转变温度（T_g）和结晶温度（T_m）、脆性温度（T_b）、回缩温度（T_R）和吉门温度。

T_R是用温度回缩法（TR）测定橡胶低温性能结果的表示方法，将试样在室温下拉伸到规定的长度后，再冷却到除去拉伸力时不出现回缩的足够低的温度，除去拉伸力，并以均匀的速率升高温度，此时试样发生回缩，记录各温度及试样对应长度，依据数值可绘出试样回缩率与温度关系曲线，从而可求得不同回缩率对应的温度值 T_R（单位为℃）。一般常用的回缩率为10%、30%、50%、70%，对应的 T_R 分别为 T_{R10}、T_{R30}、T_{R50}、T_{R70}。

吉门温度是相对扭转模量法的测定结果。该法即低温刚性的测定法（吉门试验）。以已知扭转常数的扭转钢丝作为参照材料，使试样发生扭曲变形，由于温度不同，试样随钢丝扭转产生的角度也不同，常温时扭转角度大，随着温度的升高，橡胶模量增大，刚性增加，扭转角度减小，当达到玻璃化转变温度时试样几乎不再扭转。通过一系列实验，可绘制不同温度变化所产生扭转角度曲线。

角度因子：

$$角度因子=\frac{180-\alpha_1}{\alpha_1}$$

式中，α_1 为试样在某温度下的扭转角度。

相对模量可由扭转角对应的角度因子之比求得：

$$相对模量=\frac{\dfrac{180-\alpha_1}{\alpha_1}}{\dfrac{180-\alpha_0}{\alpha_0}}$$

式中，α_0 为试样在 23℃下的扭转角度。

测定结果为相对模量分别为 2、5、10、100 时对应的温度 T_2、T_5、T_{10} 和 T_{100}。

58. 耐寒性橡胶的配方设计要点是什么？

选择耐寒性好的生胶是关键，橡胶的耐寒性能主要取决于橡胶的品种。对于非结晶性橡胶，玻璃化转变温度较低的，耐寒性较好。对于结晶性橡胶，耐寒性要考虑玻璃化转变温度的高低、结晶情况。增大橡胶分子链的柔顺性，减少分子间作用力及空间位阻，削弱大分子链规整性的橡胶成分与结构因素，都有利于提高橡胶耐寒性。反之，减弱分子链的柔顺性或增加分子间作用力，例如引入极性基团、庞大侧基，交联，结晶都会使 T_g 升高。主链为—Si—O—的硅橡胶类，含 C=C 双键的顺丁橡胶、天然橡胶、丁苯橡胶等，含醚键（—O—）主链的氯醚橡胶、氯醇橡胶，其耐寒性好；主链含有双键并具有极性侧基的橡胶，如丁腈橡胶、氯丁橡胶，其硫化胶的耐寒性居中。二元乙丙橡胶、三元乙丙橡胶无极性取代基，主链虽无双键，但其耐寒性比主链含 C=C 双键又含极性取代基的 CR、NBR 好得多。丁腈橡胶随丙烯腈含量增大，耐寒性下降。CO 耐寒性不及共聚氯醚橡胶（ECO），其原因为 CO 的—CH_2Cl 侧基多。ACM、CSM，尤其是 FPM，主链饱和，又含较多的极性侧基，耐寒性差。另外，对甲基乙烯基苯基硅橡胶（MVPQ）引入少量苯侧基，耐寒性比 MQ 还好，原因是破坏了 MQ 的结构规整性，抑制了结晶。许多合成橡胶往往通过调节共聚单体类别、比例，获取不同耐寒等级的品种，例如，EPM 以丙烯含量为 40%～50% 的耐寒性最佳。橡胶并用是橡胶配方设计中调整耐寒性的常用方法，例如，SBR 并用 BR，NBR 并用 NR、CO、ECO，可提高胶料的耐寒性。

橡胶硫化生成的交联键，可使 T_g 上升，耐寒性下降。例如：在未填充填料的天然橡胶和丁苯橡胶硫化胶中，硫黄用量增加 1 质量份时，其玻璃化转变温度 T_g 分别上升 4.1～5.9℃ 和 6℃；而无填料的丁腈橡胶硫化胶，硫黄用量从 3 质量份起，每增加 1 质量份，T_g 值提高 3.5℃。但是，当交联密度控制适当时形成相对稀疏的网络结构，网络结构中交联点之间距大于活动链段的长度时，则 T_g

可能保持大致不变。因此高耐寒性橡胶硫化交联程度不应较高，保证 M_c 值大，则链段的活性几乎不受限制。

交联键的类型影响橡胶的耐寒性。天然橡胶使用有效硫化体系时，T_g 比传统硫化体系降低 7℃。天然橡胶用过氧化物或辐射硫化时，虽然剪切模量提高也会达到与硫黄硫化同样的数值，但玻璃化转变温度（T_g）变化却不大，始终处于−50℃的水平。在硫黄硫化体系中，用秋兰姆硫化，耐寒性有所降低，以硫黄/次磺酰胺类促进剂硫化的耐寒性最差。因此对于天然橡胶和丁苯橡胶，用过氧化物如 DCP 硫化有最佳耐寒性。

填充剂的加入会阻碍链段构型的改变，增大胶料刚性，使硬度提高，耐寒性下降。因此，不能指望加入填充剂来改善橡胶的耐寒性。填充剂对橡胶耐寒性的影响，取决于填料和橡胶相互作用后所形成的结构。活性炭黑粒子和橡胶分子之间会形成不同的物理吸附键和牢固的化学吸附键，会在炭黑粒子表面形成生胶的吸附层（界面层）。该界面层的性能与玻璃态生胶的性能十分接近，一般被吸附生胶的玻璃化转变温度（T_g）上升。这又与填料粒径、结构性、表面活性及橡胶活性有关。

有些高弹性橡胶，配方设计时应尽量提高含胶率，减少填料的用量，并尽量使用活性低、结构性低、粒径大的填料。

合理选用软化增塑体系是提高橡胶制品耐寒性的有效措施。加入增塑剂，可使 T_g、T_b 明显下降。尽可能选用低黏度增塑剂。

耐寒性较差的丁腈橡胶、氯丁橡胶等极性橡胶，主要是通过加入适当的增塑剂来改善其耐寒性的。因为增塑剂能增加橡胶分子柔性，降低分子间的作用力，使分子链段易于运动，所以极性橡胶要选用与其极性相近、溶解度参数相近的增塑剂。软化增塑剂类型与用量对耐寒性至关重要。如丁腈橡胶中脂肪族二元酸酯［癸二酸酯如癸二酸二丁酯（DBS）、癸二酸二辛酯（DOS），己二酸二辛酯（DOA）、己二酸二丁酯（DBA）］的改进效果比邻苯二甲酸二辛酯（DOP）、邻苯二甲酸二丁酯（DBP）的好。DOP、DBP 大剂量使用时，也可有效地降低硫化胶的 T_g，但存在一个环保问题。氯丁橡胶中加入油酸丁酯效果也较好。

两种不同的软化增塑剂并用能产生协同作用，DBP、DOA 和 DOS 三种软化增塑剂均具有较低的脆性温度和较高的压缩耐寒系数，经综合考虑，选用 DOA/DOS 并用，所得胶料的耐寒性能最佳。

非极性橡胶如 NR、BR、SBR 可采用石油系碳氢化合物作软化增塑剂，尽量选择芳烃油比例较低的油品，也可选用少量的酯类增塑剂。在使用增塑剂时，还应注意增塑剂在低温下发生渗出现象。

59. 从配方角度如何提高橡胶耐寒性?

① 橡胶结晶性:非结晶橡胶的耐寒性随玻璃化转变温度的降低而升高。低温结晶使橡胶的耐寒性变差。

② 分子柔顺性:增大分子链的柔顺性、减小分子间阻力,有利于提高橡胶的耐寒性。

③ 极性:引进极性基团、庞大侧基等使耐寒性变差。极性越大(极性基团含量),耐寒性越差。

④ 交联密度:结晶橡胶耐寒性随交联密度的增大而降低。非结晶橡胶耐寒性随交联密度的降低而升高。

⑤ 硫化体系:对于NR、SBR,用DCP硫化有最佳的耐寒性,用秋兰姆硫化,耐寒性降低,而用硫黄/次磺酰胺类促进剂硫化的耐寒性最差。

⑥ 填料活性:大量加入高活性的填料会使耐寒性降低。

⑦ 软化增塑剂:加入软化增塑剂使橡胶的耐寒性提高,特别是耐寒性软化增塑剂如DOS、DOA。

60. 橡胶耐油耐液体性能是如何表示的?

性能变化:变化量;变化率。

一般有:体积变化率、质量变化率、尺寸变化率、硬度变化值、拉伸强度变化率、伸长率变化率、性能保持率、线性尺寸变化率、表面积变化率。

61. 耐油橡胶如何选择生胶?

耐油橡胶的配方设计主要取决于胶种选择。

依据相似相溶的原则,对耐非极性油品(如机械油、锭子油、液压油、导热油、变压器油、齿轮油、润滑油、汽油、柴油、植物油、操作油等)选择极性橡胶。极性橡胶含有极性基团,常用的有丁腈橡胶(NBR)、氯丁橡胶(CR)、氯醚橡胶(CO、ECO)、聚氨酯橡胶(PUR)、氯磺化聚乙烯橡胶(CSM)、氯化聚乙烯橡胶(CM)、丙烯酸酯橡胶(ACM)、氟橡胶(FPM)、氟硅橡胶(FVMQ)等。极性越大,橡胶的耐油性越好,如氟橡胶的耐油性比丁腈橡胶好,丁腈橡胶的耐油性比氯丁橡胶好,丁腈橡胶中丙烯腈含量越高耐油性越好。耐油性排列顺序为FPM>CO、ECO>NBR/PVC≈NBR>AEM>CM≈CSM≈VMQ>CR>EPDM≈IIR≈SBR≈BR≈NR。

对极性油品（如刹车油、酯类油）选择非极性橡胶，常用的有乙丙橡胶（EPDM）、丁基橡胶（IIR）、天然橡胶（NR）、丁苯橡胶（SBR）等。橡胶对润滑油、燃料油的适用性如表 3-1 所示。

表 3-1 密封用橡胶对润滑油、燃料油的适用性

油品		NBR	ACM	VMQ	FVMQ	FPM	PU	CR	EPDM	IIR	CSM	SBR	NR	CO
发动机油	SAE30	A	A	A	A	A	A	C	D	D	C	D	D	A
	SAE10W	A	A	B	A	A	A	C	D	D	C	D	D	A
齿轮油	正齿轮	A	A	C	A	A	C	C	D	D	C	D	D	B
	双曲线齿轮	B	B	D	D	A	C	C	D	D	C	D	D	C
机械油		B	B	C	B	A	A	C	D	D	C	D	D	A
锭子油		B	C	D	C	A	B	C	D	D	C	D	D	A
动作油	变矩器油	A	A	C	B	A	A	C	D	D	C	D	D	A
	透平油	B	B	B	B	A	A	C	D	D	C	D	D	A
	油水乳化液	A	B	C	C	B	C	C	D	D	D	D	D	C
	水乙二醇类	A	C	C	C	C	D	A	A	A	B	A	B	C
	硅油类	B	A	D	D	B	A	A	A	A	A	A	A	A
	刹车油	C	D	B	B	C	C	C	A	A	C	A	A	D
	磷酸酯	D	D	A	A	A	D	D	B	B	D	D	D	D
燃料油	汽油	B	D	D	D	A	B	A	B	D	D	D	D	B
	轻油,灯油	A	D	D	D	A	A	A	C	D	C	D	D	A
	重油	A	C	B	B	A	C	A	D	D	D	D	D	A
润滑脂	黄油	B	A	B	A	A	B	C	D	D	C	D	D	B
	锂基润滑脂	A	A	A	A	A	B	D	D	D	B	D	D	A
	硅润滑脂	A	A	D	D	A	A	A	A	A		A	A	A	A

注：A——可以使用；B——依据条件等，可以使用；C——除非不得已，不可使用；D——不可用。

62. 耐油橡胶配合剂选择要点是什么?

提高交联密度可改善硫化胶的耐油性。因为随交联密度增加,橡胶分子间作用力增加,网络结构中自由体积减小,油类难以扩散。

交联键类型对耐油性的影响。在氧化燃油中,用过氧化物或半有效硫化体系硫化的丁腈橡胶比硫黄硫化的耐油性好。过氧化物硫化的丁腈橡胶,在40℃时稳定性最高,但在125℃的氧化燃油中不理想;而用氧化镉和给硫体系硫化的丁腈橡胶,在125℃的氧化燃油中耐长期热油老化性能较好。

使用活性高和结构性高的填料、适当提高填料用量。一般情况下,降低胶料中橡胶的体积分数可以提高耐油性,所以增加填料用量有助于提高耐油性。通常,活性越高的填充剂(如炭黑和白炭黑),与橡胶之间产生的结合力越强,硫化胶的体积溶胀越小。

选用分子量大、挥发性小、不易被油类抽出的软化增塑剂,最好是选用低分子聚合物,如低分子聚乙烯、氧化聚乙烯、古马隆、聚酯类增塑剂和液体橡胶等。极性大、分子量大的软化增塑剂或增塑剂,对耐油性有利。而酯类则易于被燃油抽出。在丁腈橡胶胶料中用滑石粉替代N990和白炭黑可实现以降低模量和拉伸强度为代价,从而降低胶料在某些溶剂中的溶胀性。

选择抗抽出的防老剂,最好是反应性防老剂。前者不溶于油类液体,故不易被油抽出;后者虽然能溶于某些溶剂中,但在混合或硫化时能接枝到橡胶分子链上,不能被油抽出。

橡塑并用也可提高胶料耐油性。

63. 含添加剂油品使用的耐油橡胶如何选择生胶?

对于含有添加剂(如分散剂、防老剂、极压剂、抗爆剂、防腐剂、防锈剂)的油品(见表3-2),要考虑这些添加剂对橡胶的作用,应选择对添加剂稳定的胶种,如极压剂是含Cl、P、S的化合物,使用时极压剂使金属表面形成润滑膜。这样,在苛刻条件下使用时,可以防止油因热而烧结。其在液压油、液压传输油和润滑油中添加的质量分数为5%~20%,但S、P、Cl会引起橡胶解聚,如高于110℃,丁腈橡胶硬化变脆的进程大大加快,并失去使用价值。丙烯酸酯橡胶对此类油十分稳定,可达到150℃的使用温度,而含氯润滑脂可在176℃下使用。但丙烯酸酯橡胶不适于磷酸酯类液压油、非石油基制动油的接触场合。

表3-2 常见含添加剂的油品

添加剂名称	添加剂的应用	橡胶材料的适用性			
		NBR	ACM	MVQ	FPM
高级脂肪酸	油性剂	A	A		A
二烷基二硫化物	极压剂	C	A	A	—
卤化石蜡	极压剂	C	A	A	A
磷酸三甲苯酯	极压剂	—	—		A
金属-有机二硫代磷酸盐	极压剂，抗氧剂	C	C	C	A
硫化油脂	极压剂	C	A	A	—
环烷酸铅	极压剂	A	C	C	—
金属-有机二硫代氨基甲酸盐	极压剂，抗氧剂	A	A	B	C
金属皂	极压剂	C	A	A	A
磷酸酯	防锈剂	—	—	—	C
碱性酚盐	清净分散剂，防腐剂	A	A	A	A
碱性磺酸盐	清净分散剂，防腐剂	A	A	A	A
丁二酰亚胺	清净分散剂，防腐剂	A	C	A	C
聚烷基甲基丙烯酸酯	凝固点降低剂	A	A	A	A
氯化石蜡-萘缩合体	凝固点降低剂	C	A	A	A
聚异丁烯	黏度指数提高剂	A	A	A	A
无水马来酰亚胺与聚烷基甲基丙烯酸酯共聚物	黏度指数提高剂	—	—	A	C
4,4'-亚甲基-联（2,6-双烷基酚）	抗氧剂	—	—	—	A
4,4-四甲基二氨基二苯甲烷	抗氧剂	A	—	—	C

注：A——几乎不受影响；B——可看作有若干影响；C——表示受影响；— ——不明。

64. 如何设计耐热油的胶料？

多数耐油橡胶制品常常在高温下使用，例如汽车行驶时，传动箱温度可达170℃左右、发动机区域甚至高达320℃左右。温度增加会提高橡胶与油之间作用程度和速度，同时还加速橡胶老化。这就要求耐油橡胶具有良好的耐热性以满足使用要求，燃料胶管内胶使用温度从 100℃升至 125℃，内胶耐热老化时间从 720h 升至 1000h。

不同橡胶密封件可使用温度范围如下：

丁腈橡胶为-45～135℃；

丙烯酸酯橡胶为-10～170℃；

硅橡胶为-60～200℃；

氟橡胶为-40～200℃。

美国汽车技术学会（SAE）根据 SAEJ200 规范按耐热性和耐油性等级将橡胶进行标准化，如图 3-1 所示。

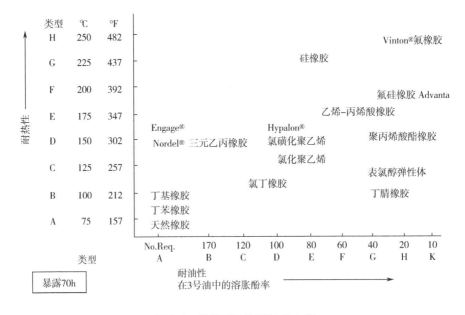

图 3-1　橡胶耐热和耐油分布图

65. 耐甲醇汽油橡胶件生胶优先选什么？

在汽油中添加甲醇、乙醇，能够提高辛烷值，同时提高燃油清洁度，降低对石油依赖性。但在燃油中加入甲醇、乙醇，能够增大对橡胶（丁腈橡胶、ECO）的透过率，尤其是乙醇占 10%～20%时透过率最大，添加甲醇时，透过率更大。丙烯酸酯橡胶：耐乙醇很差，在 70℃×168h 条件下便会分解。丁腈橡胶、氢化丁腈橡胶：汽油中醇类失去氢（H）之后变成 RO—，可使两个邻近的氮（N）分子交联，使丁腈橡胶、氢化丁腈橡胶硬度增大至失效。聚氯乙烯（PVC）耐醇类性能好，若以丁腈橡胶为主掺加 PVC，使 PVC 形成连续网络并分散至微区尺寸 $0.1\mu m$ 的互穿网络形态，便可提高对含醇汽油的抗耐性。氟橡胶在汽油/甲醇中溶胀很小。

66. 耐刹车油（制动液）三元乙丙密封件配方应注意哪些事项？

用过氧化物体系硫化，建议 DCP 4 质量份、TAIC 1.5 质量份。

含胶率在 50%左右即可。

主要在于增塑剂的种类和用量，因为制动液容易将配方中的增塑剂抽出来，所以增塑剂的量在保证工艺性能的前提下越少越好。配方中不加或少加油，加一些加工助剂改善加工性。

67. 耐热橡胶各体系如何配合？

从配方设计角度，可通过三个重要方面提高胶料的耐热性能。一是选择耐热和耐热氧老化性能好的橡胶；二是选择稳定的硫化体系；三是选择效果优异的防老剂。

耐热橡胶性能主要取决于生胶的耐热性能。在进行耐热橡胶的配方时，应根据橡胶的使用温度和性能要求（耐介质、力学性能要求等）选择生胶品种，尽可能提高橡胶本身的耐热性和耐温性。橡胶耐热性主要取决于其饱和性、极性等的影响，饱和性高（特别是主链的饱和度高），极性大，橡胶耐热性好。

实际应用中，一般耐热性能的生胶选择丁苯橡胶、氯丁橡胶、丁腈橡胶；特殊耐热性能选择丁基橡胶、三元乙丙橡胶、丙烯酸酯橡胶、氯醇橡胶；耐 $200\sim300\degree\text{C}$ 选硅橡胶、氟橡胶；耐 $300\degree\text{C}$ 以上选用甲基乙烯基硅橡胶、氟醚橡胶等。其耐热性能大小排序为 FPM>VMQ>FMVQ>ACM>AEM>EPDM>CO/ECO=CM>CSM=NBR>CR>IIR=NBR/PVC>SBR>NR。EPDM/CR、乙烯/辛烯共聚物（EPDM/POE）、EPDM/MVQ 均能改善 EPDM 耐热性。溴化丁基橡胶（BIIR）耐热性稍好于 CIIR。耐热胶料中要避免并用高苯乙烯树脂。

交联键的键能越大，硫化胶的耐热性越好，不同交联键的键能顺序排列为：碳碳键>单双硫键>多硫键，不同交联键的热稳定性顺序排列也是：碳碳键>单双硫键>多硫键。传统的硫黄硫化体系（普通硫黄硫化体系）是高硫低促体系，硫黄用量不小于 2 质量份，生成的交联键大多为多硫键。有效硫化体系采用低硫（$0.3\sim0.5$ 质量份）高促（$2\sim4$ 质量份）配合或无硫配合（单用高效硫载体），生成的交联键大多为单硫键和双硫键。半有效硫化体系中硫黄和促进剂的用量介于有效硫化及传统硫黄硫化体系之间，交联键为各占一定比例的单硫、双硫、多硫键。因而天然橡胶、丁苯橡胶、丁腈橡胶等二烯类橡胶（氯丁橡胶除外）采用有效硫化体系或半有效硫化体系，硫化胶耐热性高于传统硫黄硫化体系。

含快速促进剂如秋兰姆类、二硫代氨基甲酸盐类的硫化体系比含普通促进剂（噻唑类或胺类）硫化体系耐热性好。但秋兰姆的副产物亚硝胺不符合环保要求。

有机过氧化物是热硫化硅橡胶的主要硫化剂，也可用于硫化含不饱和双键的天然橡胶、丁苯橡胶、丁腈橡胶、三元乙丙橡胶，由于硫化胶的交联键为C—C键，因此耐热性好。常用过氧化二异丙苯（DCP）、[2,5-二甲基-2,5-二(叔丁基过氧基)己烷]（双25）、BIPB，用量2～6质量份。加入助交联剂可以提高胶料耐热老化性。

W型氯丁橡胶比G型氯丁橡胶具有更好的耐热老化性。树脂硫化体系也具有较好的热稳定性，最常用的是烷基酚醛树脂，由于在硫化过程中能形成稳定的—C—C—交联键，几乎不产生硫化返原现象，具有好的耐热性能，硫化胶在150℃热老化120h，交联密度没有多大变化，制品可以在150～170℃下使用。

金属氧化物体系广泛用于主链的侧向含氯和极性基团的胶种，如氯丁、氯磺化聚乙烯、羧基丁腈等。这些胶种含有活性很大的氯原子或基团，使硫原子无法与双键反应。氯化聚乙烯橡胶和氯磺化聚乙烯橡胶胶料中要避免使用任何含锌的配合剂，因为锌会使这类胶料硫化程度和耐热性下降。

氟橡胶用双酚AF硫化体系的胶料耐热老化性更好。对于天然橡胶，选用DPG助促进剂与主促进剂并用，不要选用二硫代氨基甲酸盐类或秋兰姆类作为助促进剂。卤化IIR用HVA-2与过氧化物并用硫化体系，可提高胶料的耐热性。硫黄/次磺酰胺硫化体系中，提高氧化锌用量可提高耐热性。

IIR选用含DTDM的半有效硫化体系，胶料耐热性较好。选用硫黄/过氧化物并用来共硫化NR/EPDM共混物可给予胶料较好耐热性。

在CR、卤化丁基橡胶（XIIR）中用DBU[1,8-二氧杂二环-双环(5,4,0)-7-十一烯]/MMBI[2-巯基-4(或5)-甲基苯并咪唑]代替氧化镁，可显著提高胶料耐热性。

防护体系在耐热橡胶中能起到抑制热老化的作用，减轻在热氧条件下橡胶交联网的受破坏程度或减缓催化氧化进程的速度，提高橡胶的耐热老化作用。不同橡胶应选用不同的防老剂，通常选用高效耐热型酮胺类和苯胺类防老剂[防老剂RD、丙酮-二苯胺高温缩合物（BLE）、3-羟基丁醛-α-萘胺（AP）、丙酮与对氨基苯乙醚的反应产物 6-乙氧基-2,2,4-三甲基-1,2-二氢化喹啉（AW）等]，可适当提高防老剂的用量。1,2-二氢化-2,2,4 三甲基喹啉（TMQ）是一种性价比较高的抗氧剂。耐热胶料要选高分子量的 TMQ，TMQ/6PPD [N-(1,3-二甲基丁基)-N'-苯基对苯二胺] 并用可同时提高胶料抗氧和臭氧老化性能，TMQ/BLE 并用可同时提高耐热性和耐屈挠疲劳性。胶料中尽量避免使用含铜、锰、镍、钴等重金属的配合剂，这也符合环保要求。

丁基橡胶选用胺类防老剂无显著效果，但酚类防老剂（如防老剂 2246、二烷基苯酚硫化物以及 4,4'-亚甲基双 6-叔丁基邻甲酚等）明显地提高了橡胶的耐热性。CR、CSM 宜用 N,N-二丁基二硫氨基甲酸镍（NBC）防老剂，另外，辛酸二苯胺也是氯丁橡胶的较好防老剂。但对天然橡胶胶料千万不要用 NBC，因为它是一种氧化促进剂和降解剂。在用含次磺酰胺的硫化体系的天然橡胶中加入抗返原剂二水合六亚甲基-1,6-二硫代硫酸二钠盐（HTS）可形成杂化交联网络，有效地提高胶料耐热和耐屈挠性。过氧化物硫化三元乙丙橡胶加入防老剂 ZMTI 可提高耐热性和模量。硅橡胶一般不使用防老剂，而是要加入热稳定剂，常用的为氧化铁红（1～2 质量份），对浅色制品可加锆酸钡（4 质量份左右）。

选择耐热性填料，无机填充剂比炭黑耐热性好，在无机填料中对耐热配合比较适用的有白炭黑、滑石粉、活性氧化锌、氧化镁、氧化铝和硅酸盐。在丁腈橡胶中，炭黑的粒径越小，硫化胶的耐热性越低；白炭黑则可提高其耐热性；氧化镁、氧化锌、氧化铝、甲基丙烯酸锌、甲基丙烯酸镁等也对提高丁腈橡胶的耐热性有一定的效果。

软化增塑剂选择原则是：①高温下稳定；②挥发性小；③软化点高于使用温度。高黏度增塑剂、低聚物增塑剂具有较好耐热性。

丁腈橡胶、氯醚橡胶可选用古马隆树脂、苯乙烯-茚树脂、聚酯、液体丁腈橡胶。增塑剂中，酯类增塑剂的耐热性较好，醚类、磷酸酯类和卤化烃类次之。

三元乙丙橡胶、丁基橡胶与环烷油的相容性好，常被选用，但缺点是环烷油的挥发分稍高，宜选用石蜡系高沸点操作油。对于耐热的丁基橡胶，建议古马隆树脂的用量不超过 5 质量份，也可以使用 10～20 质量份凡士林或石蜡油、矿质橡胶和石油沥青树脂。乙丙橡胶通常采用环烷油和石蜡油作软化增塑剂。对于氢化丁腈橡胶胶料，偏苯三酸三(2-乙基己酯)（TOTM）和偏苯三酸三壬酯（TINTM）比 DOP 和己二酸二丁氧基乙氧基乙酯（DBEEA）能给予胶料更好的耐热性。对于硫黄硫化的氢化丁腈橡胶，DBEEA 可以平衡胶料低温性能和耐热性能。对硫黄硫化丁腈橡胶使用硫醚增塑可以使硫黄具有抗氧剂的作用。

硅橡胶、氟橡胶一般不添加软化增塑剂，氟橡胶有时为了改善加工性能，可采取并用少量低分子氟橡胶的办法。氯磺化聚乙烯橡胶可以添加酯类、芳烃油和氯化石蜡，以氯化石蜡为软化增塑剂时耐热性较好。环氧化大豆油和环氧化二油酸丙三醇酯可以给予氯磺化聚乙烯橡胶较好耐热空气老化性。

68. 常用橡胶最高使用温度是多少?

常用橡胶最高使用温度如表 3-3 所示。

表 3-3　常用橡胶最高使用温度

橡胶品种	长时间使用温度范围/℃	最高使用温度/℃	性能特点及应用
天然橡胶	−76～80	120	力学性能优良，弹性好、耐磨、耐低温、黏性好。用于轮胎及通用橡胶制品
顺丁橡胶	−110～90	120	弹性优良、耐磨。用于轮胎、耐寒制品
聚硫橡胶	−30～80	130	耐矿物油、耐有机溶剂、耐臭氧、电性能好，黏度性能优良。制作密封剂
聚氨酯橡胶	−65～65	80	耐磨、力学性能好、有良好耐油性。制备胶辊、同步齿形带
氯丁橡胶	−55～120（非硫调节型优于硫调节型）	150	耐臭氧、耐化学介质、耐苯点较高的矿物油、阻燃。用于制备胶带、电缆、胶黏剂、密封制品
丁腈橡胶	NBR 1704 −40～100 NBR 2707 −30～120 NBR 3604 −20～150	170	力学性能良好，耐矿物油，气密性良好，耐磨、耐水性良好。用于输油管、耐油密封制品、汽车橡胶配件、油田橡胶制品
丁苯橡胶	−60～100	120	力学性能良好，耐磨、耐冲击。制备耐热运输带、耐热胶管
IIR	−50～150	200	耐臭氧、气密性好、能量吸收性好、耐极性溶剂。制作内胎、水胎、胶囊、模压制品
EPDM	−50～150	200	耐气候、耐臭氧性好，电绝缘性好，耐极性溶剂。用于制备散热胶管、耐热胶管、电绝缘制品
CSM	−30～150	160	耐臭氧、耐化学腐蚀，阻燃。用于电线电缆、胶辊、垫圈、雷达罩
氯醚橡胶	均聚物 −25～140 共聚物 −55～130	160	耐油、耐气候、耐臭氧老化、耐化学品，对模具有腐蚀性。制作刹车唇形圈、胶管衬里、汽车油管

续表

橡胶品种	长时间使用温度范围/℃	最高使用温度/℃	性能特点及应用
ACM	−40～175	200	耐高温油介质。制作汽车密封件、油封、皮碗
氟化磷腈橡胶	−65～180	200	耐燃料油、润滑油、液压油、刹车油，电绝缘性好，耐臭氧，耐水解，难燃。制作密封件、软管
羧基亚硝基氟橡胶	−45～170	190	耐氧化剂、N₂O₄、纯氧，低温柔韧性好。制作耐氧化介质密封件、导管
HNBR	−45～180	200	耐氧化汽油，在井下环境高温和高压下，对硫化氢、二氧化碳、甲烷、柴油、蒸汽和酸等的作用有抗耐性。用于汽车和油井用橡胶件
四丙氟橡胶	静态−40～230动态 0～230	250	耐浓酸、氧化剂、蒸汽、过热水、磷酸酯类液压油。用于制作板材、垫圈、胶管、胶辊、隔膜
氟橡胶23	−15～200	250	耐浓硝酸、硫酸、四氟化硅，电绝缘性好，吸水性低。用于制备密封制品、胶管、胶带
氟橡胶26	−40～250	300	力学性能好，压缩变形小，耐油、耐真空、耐无机酸及强氧化剂、耐辐照。制备垫圈、垫片、隔膜、胶管、真空配件
甲基乙烯基硅橡胶	−90～230	310	耐寒、耐臭氧、耐气候老化，电绝缘性好，生理惰性。制作衬垫、垫圈、胶管、型材、彩色阻燃压护套等
甲苯苯基乙烯基硅橡胶	−100～230	300	耐烧蚀、耐辐射、耐低温、耐热氧化老化。制作模压制品
腈硅橡胶	−70～200		耐油、耐非极性溶剂、耐臭氧、耐气候老化。制作衬垫、垫圈
氟橡胶246	−45～270	320	耐双酯类油、磷酸酯、浓硝酸，耐臭氧，电绝缘性好。制备密封制品，骨架油封
氟醚橡胶	−39～288	315	耐化学药品，强氧化剂，电绝缘性好。制备隔膜、密封圈、密封垫
硅硼橡胶	−60～400	480	弹性差。密封用

69. 如何设计耐臭氧胶料配方？

IIR、XIIR、MVQ、HNBR、EPDM、CR、CM、CSM、PUR、CO、ACM 均具有较好的抗臭氧性。随着 IIR、EPDM、HNBR 的不饱和度下降，抗臭氧性提高；CIIR、CM、CSM、CO 则随着氯含量增加抗臭氧性增大；NR/EPDM、NR/CIIR、NR/CR 并用可提高天然橡胶的抗臭氧性，NR/EPDM 中 EPDM 最佳用量为 35%～40%；NBR/HNBR、NBR/PVC、NBR/EPDM（70/30）也可有效提高丁腈橡胶抗臭氧性。

有效硫化体系、过氧化物硫化体系可用作耐臭氧胶料硫化体系。二肟、烷基酚二硫化物和酚醛树脂对于 IIR、XIIR 是较好的抗臭氧硫化剂，S 0.2/CBS 0.5/DCP 1.0 对于 NBR/EPDM 是较好用的硫化体系。

有效的抗臭氧剂必须是与胶料相溶的，并且必须能迁移到表面隔离臭氧破坏作用。

在静态条件下，可添加蜡，最好是高分子蜡、低分子蜡和微晶蜡的共混蜡。但用量过多，会影响胶料的动态抗臭氧性。

化学抗臭氧剂以对苯二胺类（PPDs）最为经典，对静态、动态都有很好效果，常用的有 6PPD、7PPD［N-(1,4-二甲基戊基)-N'-苯基对苯二胺］等，为了获得更好效果可采用它们之间并用、与物理防护剂蜡并用或与其他防老剂并用的方法，也可采用微胶囊技术将其微胶囊化后加入胶料中实现长效化并防止向外迁移。防老剂 NBC 对 NBR\CR\SBR 有较好的静态抗臭氧作用，但不适合在动态条件下使用。防老剂 6QDI（N-苯基-N'-1,3-二甲基丁基对喹啉亚胺）是一反应型抗臭氧剂，主要用于硫黄硫化的二烯烃橡胶，硫化时可与橡胶主链或炭黑发生化学结合从而具有长效性。TMQ/6PPD 可用于暴露的氧和臭氧环境中。对于浅色、彩色胶料，可选用环状乙缩醛类防老剂，如双-（1,2,3,6-四氢苯甲醛）-季四醇缩醛。氯丁橡胶中加入 1～2 质量份二芳基对苯二胺防老剂可明显提高抗臭氧性。

滑石粉和白炭黑可使胶料具有较好抗臭氧性。

70. 如何提高胶料耐屈挠疲劳性？

橡胶优先选用具有应变诱导结晶的橡胶如天然橡胶、高顺式 IR、丁二烯橡胶，分子量高（高黏度）的橡胶如充油胶，耐臭氧性较好的橡胶如 CIIR、HNBR、EPDM、CR。橡胶并用可以改善共混物耐屈挠性和抗切口增长，如 NR/BR、SBR/BR、NR/SBR、NR/SBR/BR、NR/CIIR/EPDM。

提高炭黑或白炭黑的分散性，如加入分散剂、均匀剂可提高胶料耐屈挠性。采用相混炼技术可改善共混物的抗切口增长。

低温长时间硫化可使硫黄硫化胶料具有最大耐屈挠性，但胶料密度升高，硬度增加，可能会造成在定应变下的屈挠疲劳性下降。

交联密度有一个最佳值，此时胶料具有最好的耐屈挠性，这一最佳交联密度一般低于最佳拉伸强度的交联密度。

多硫键胶料比单硫键、双硫键、碳碳键的耐屈挠性好，因而应优先选用传统硫化体系。尽量避免无硫硫化和过氧化物硫化。

在天然橡胶中加入抗返原剂如硫代硫酸 S,S'-1,6-己二醇酯二钠盐（HTS）、甲基马来酰亚氨基甲基苯（BCI-MX），可有效提高胶料的耐屈挠性。

71. 如何设计耐变色的胶料?

生胶以饱和橡胶为主，如 EPDM、BIIR、CIIR。

尽可能采用过氧化物硫化体系。

要选用非芳烃油，因为芳烃油比石蜡油和环烷烃油更容易变色。

酚类防老剂比胺类防老剂具有更好的耐变色性，其中双酚类抗氧剂是所有抗氧剂中耐变色性最好的一类。四氢-1,3,5-三唑硫酮三正丁酯可以使胶料具有较好的耐臭氧性和耐变色性。双（四氢苯甲醛）季戊四醇缩醛可以给予 CR、IIR、CIIR、BIIR 很好的耐臭氧性和耐变色性。

72. 如何设计耐水胶料配方?

要制造耐水性橡胶，应该选择吸水量小的胶种。橡胶的饱和吸水量与橡胶中电解质的数量近似地呈线性关系。乳聚橡胶大都含有凝固剂的盐、脂肪酸等电解质，吸水量较大，溶聚橡胶则相反。极性橡胶的吸水量一般高于非极性橡胶。

乙丙橡胶和树脂硫化的丁基橡胶耐过热水的性能较好。由乙丙橡胶为主体材料制备的静态密封件，在 160～180℃和 20MPa 的压力下，于过热水中使用17000h，仍能保持工作能力；丁腈橡胶和氯丁橡胶在同样的条件下，使用 500～1000h 后，便丧失了弹性和密封能力。树脂硫化的丁基橡胶在 177℃的过热水中浸泡后，强伸性能变化很小。硅橡胶不能用于耐过热水橡胶制品的生产，这是因为在水蒸气中，硅氧烷水解，使橡胶解聚。避免使用聚氨酯、醋酸乙烯酯、共聚酯和含有氨基甲酸酯、酰胺或有酯键的聚合物。

耐水性橡胶应适当增加硫黄和交联剂的用量，提高交联密度；不应使用含水溶性电解质的配合剂；填料、防老剂、增塑剂等易抽出，应尽量少用。

73. 耐腐蚀性橡胶配方设计主要注意事项是什么?

橡胶材料的耐腐蚀性能主要取决于橡胶分子结构的饱和性、取代基团的性质。

耐腐蚀性橡胶的基体材料应具有高的饱和度。化学介质对橡胶的破坏作用，是其向橡胶渗透、扩散后，与橡胶中活泼基团（双键）发生反应，引起橡胶大分子中化学键和次价键的破坏，从而使橡胶的性能下降。

橡胶分子间作用力强，分子空间排列紧密，也会提高胶料的耐化学腐蚀性。如氟橡胶的耐腐蚀性较好。并用塑料后胶料的耐腐蚀性也能提高。

一般在使用温度不高，介质浓度较小的情况下，二烯类橡胶如天然橡胶、丁苯橡胶、氯丁橡胶等，通过适当的耐酸碱性的配合，硫化胶可具有一定的耐酸碱的能力。对于氧化性极强、腐蚀作用很大的化学介质（如浓硫酸、硝酸、铬酸等），则应选用氟橡胶、丁基橡胶等化学稳定性好的橡胶为基础，进行耐腐蚀配方设计。橡胶和聚氯乙烯、聚乙烯、聚丙烯等化学稳定性好的塑料并用，可大大提高其耐化学药品性。

提高交联密度可提高橡胶耐腐蚀性。一方面，由于橡胶的硫化、交联网络的形成、交联密度的增加，橡胶大分子结构中的活性基团和双键逐渐减小，橡胶大分子中弱键受化学介质破坏的可能性降低。另一方面，交联网络的形成，增加了橡胶大分子链段的运动阻力，增加了化学介质低分子物质在橡胶中的扩散阻力。因此，提高硫化程度，即增加交联密度，是提高硫化胶耐化学介质的有效途径。对于二烯类橡胶，在硬度和力学性能允许的条件下，应尽可能提高硫黄用量，来提高硫化胶的交联密度，从而提高橡胶的耐腐蚀性能。30质量份以上硫黄硫化的硬质硫化胶耐腐蚀效果最好，例如，配合50～60质量份硫黄的硬质天然橡胶防腐衬里，其耐化学腐蚀性比天然橡胶的软质胶要好得多。即使是低硬度配方，要提高胶料的化学稳定性，也要配合4～5质量份硫黄。

对于以氯丁橡胶、氯磺化聚乙烯橡胶等为基体材料制造的耐腐蚀性橡胶，硫化剂选用氧化铅，可提高胶料对化学药品的稳定性。不过使用氧化铅时，要注意其分散、毒性和胶料的焦烧问题。

对于饱和的碳链和杂链橡胶而言，交联键的类型对它们的化学稳定性有重要影响。一般说来，碳碳键稳定性最高，而醚键稳定性最低。例如，用树脂硫化的丁基橡胶的耐化学腐蚀性优于醌肟硫化的丁基橡胶，更远远优于硫黄硫化的丁基橡胶。用树脂硫化的乙丙橡胶，也比硫黄硫化胶耐腐蚀性好。用胺类或酚类硫化体系硫化的氟橡胶，耐化学腐蚀性明显降低；而用过氧化物和辐射硫化，则能保持它高的化学稳定性。但当硫化胶在腐蚀介质中形成表面保护膜时，硫化胶的溶胀会明显减小，交联键类型的影响则相应减小。

耐化学腐蚀性介质的胶料配方，所选用的填充剂应具有化学惰性，不易和化学腐蚀介质反应，不被侵蚀，不含水溶性的电解质杂质。

常用耐腐蚀的填料有炭黑、陶土、硫酸钡、滑石粉等，其中以硫酸钡耐酸性能最好。

碳酸钙、碳酸镁易与酸性物质发生化学反应，不宜在耐酸胶料中使用。

白炭黑表面有吸附水，因此用量小时效果不太好，加至 30 质量份以上时，粒子连接成网状，离子容易通过，从而使硫化胶的耐化学药品性和耐水性提高。在耐碱胶料中，不宜使用二氧化硅填料和滑石粉，因为这些填料易与碱反应而被侵蚀。

胶料中加入白炭黑、硅酸钙，可提高耐水性。这是因为加入 30 质量份以上的白炭黑，粒子能连接成网状，电解质离子可自由透过，使橡胶中的水溶性杂质逐渐溶出橡胶之外，从而提高了硫化胶的耐水性。在白炭黑中加入少量的乙二醇胺类和二甘醇，可以进一步提高硫化胶的耐腐蚀性能，效果会更加显著。

耐腐蚀性橡胶应选用不会被化学药品抽出，不易与化学药品起化学作用的增塑剂。例如酯类和植物油类在碱液中易产生皂化作用，在热碱液中往往会被抽出，致使制品体积收缩，从而丧失工作能力，所以在热碱液中不能使用这些增塑剂。在这种情况下，可使用低分子聚合物或耐碱的油膏等增塑剂。

74. 常见化学药品可适用的橡胶是什么?

不同橡胶耐介质的性能及常见化学药品适用的橡胶如表 3-4、表 3-5 所示。

表 3-4　不同橡胶的耐介质性能

介质	耐性	NBR	HNBR	FKM（氟橡胶）	MVQ	EPDM	ACM	PU
润滑油	内燃机油	◎	◎	△	△	×	◎	○
	齿轮油	◎	◎	△	△	×	◎	△
	机械油	◎	◎	◎	○	×	◎	◎
	锭子油	◎	◎	◎	△	×	○	◎
	冷冻机油（矿物油型）	○	○	◎	△	×	○	◎
	杯脂	◎	◎	◎	△	×	○	◎
	锂基脂	◎	◎	◎	◎	×	◎	◎
	硅基脂	◎	◎	◎	×	◎	◎	◎
液压油	汽轮机油	◎	◎	○	○	×	◎	◎
	油+水乳化液型	◎	◎	△	△	△	×	△
	水+乙二醇型	○	○	△	△	◎	×	△
	磷酸酯型	×	×	◎	○	◎	×	×
	硅油型	◎	◎	◎	×	◎	◎	○
	制动液	△	△	△	○	◎	×	△
	液力变矩器油	△	△	○	△	×	◎	△

续表

介质	耐性	NBR	HNBR	FKM (氟橡胶)	MVQ	EPDM	ACM	PU
燃料油	轻油、煤油	△	○	◎	×	×	×	×
	重油	△	△	◎	×	×	×	○
	汽油	△	△	◎	×	×	×	×
水	水、温水	○	○	△	○	◎	×	○
	水蒸气、热水	○	○	△	△	◎	×	○
	加入防冻液的水	○	○	○	△	◎	×	○
	含水切削液	○	○	○	○	△	△	△
化学药品	20%盐液	△	△	△	△	◎	△	△
	30%硫酸	○	○	○	○	○	○	○
	10%硝酸	×	×	△	×	○	×	△
	30%苛性钠	◎	◎	×	×	◎	×	×
	苯	×	×	△	×	×	×	×
	三氯乙烯	×	×	△	△	×	×	×
	乙醇	◎	◎	◎	◎	◎	△	○
	丙酮	×	×	×	△	○	×	×
气体	液化石油气	○	○	◎	×	×	△	○
	煤气	○	○	◎	△	△	△	○
	臭氧	△	○	◎	◎	◎	◎	○
	氟利昂 R134a	×	△	×	×	◎	×	×
	氟利昂 22	△	△	△	×	△	△	×

① 1mmHg=133Pa。

注：◎——有耐性；○——除特殊场合外有耐性；△——除特殊场合外无耐性；×——无耐性。

表3-5　常见化学药品及适用的橡胶

化学药品类别	常见药品	适用橡胶
无机酸类	盐酸、硝酸、硫酸、磷酸、铬酸	IIR、EPDM、CSM、FPM
有机酸类	醋酸、草酸、甲酸、油酸、邻苯二甲酸	IIR、MVQ、SBR
碱类	氢氧化钠、氢氧化钾、氨水	IIR、EPDM、CSM、SBR
盐类	氯化钠、氯化钾、硫酸镁、硝酸盐	NBR、CSM、SBR
醇类	乙醇、甲醇、丙三醇	NBR、NR

化学药品类别	常见药品	适用橡胶
脂肪族类	丙烷、二丁烯、环己烷、煤油	NBR、ACM、FPM
酮类	丙酮、甲乙酮	IIR、MVQ
酯类	醋酸丁酯、邻苯二甲酸二丁酯	MVQ
醚类	乙醚、丁醚	IIR
胺类	二丁胺、三乙醇胺	IIR
芳香族类	苯、二甲苯、甲苯、苯胺	FPM、CO、ECO
有机卤化类	四氯化碳、三氯乙烯、二氯乙烯	PTFE（聚四氟乙烯）

75. 要耐高浓度的碱，配方中需要注意哪些方面？

首先根据制品综合性能需要选胶种，如 CSM、EPDM、IIR、CR、苯乙烯-丁二烯共聚合物、FPM 等耐碱较好的胶种。有时还得考虑耐热性的要求，低于 150℃用三元乙丙橡胶，150～200℃之间用四丙氟橡胶。

根据胶种不同，选择硫化体系，尽可能提高硫化剂用量，要保证正硫化强度，使橡胶分子充分交联，使其链段运动减弱，低分子物质的扩散作用受到阻碍，提高了制品耐浓碱性。

少加增塑剂，可加一些同类液体橡胶。

选用蜡类物理防老剂。

选用化学惰性填充剂，如炭黑、硫酸钡，千万不能用碳酸钙及滑石粉、白炭黑。

76. 配方中影响耐腐蚀性能的因素有哪些？

饱和橡胶有较好的耐腐蚀性能。

增大分子间作用力，可提高耐腐蚀性。

填料应有较好的化学惰性。

耐酸碱性好的橡胶有氯磺化聚乙烯橡胶、乙丙橡胶、丁基橡胶、氯丁橡胶。硅橡胶和氟橡胶对若干酸碱性物质有较高的耐腐蚀性。特别是氟橡胶对浓酸及强氧化剂的耐力超过乙丙橡胶，位居各类橡胶之首。

决定橡胶耐介质和外界物理作用的一些基本特征有：

化学键和立体网络的强度影响橡胶的耐热及阻燃性。

饱和度影响橡胶的耐臭氧、热、氧、光、氧化剂性能。

增加橡胶同溶剂的溶解度参数之差,可提高橡胶耐这种溶剂的性能。

一般的二烯类橡胶有一定耐普通酸碱的能力。但对那些氧化性极强、腐蚀作用很大的化学介质,氟橡胶及丁基橡胶有较好的稳定性。

增加交联密度可提高耐化学腐蚀性能。

氧化锌易受碱的腐蚀,配方设计时应注意。氯类橡胶中用氧化锌硫化,氧化铅比氧化镁的耐化学腐蚀性好。

耐化学腐蚀性介质的胶料配方,所选用的填料应具有化学惰性,不易和化学腐蚀介质反应,不被侵蚀,不含水溶性的电解质杂质,如炭黑、陶土、硫酸钡、滑石粉。硫酸钡的耐酸性最好。碳酸钙、碳酸镁的耐酸性则较差。

耐碱性胶料中,不宜使用二氧化硅及滑石粉。

白炭黑、硅酸钙对提高耐水性有利。

增塑剂应不易与化学药品反应。

耐化学腐蚀性胶料可选择加入部分石蜡从而形成保护膜,避免与化学药品反应。

77. 如何配制防霉橡胶?

一般来说,橡胶不容易发霉,即使发霉,也很轻微,但橡胶中的添加剂,特别是增塑剂以及填料常常成为霉菌滋生的营养物,使微生物得以寄生和繁殖。另外在潮湿气候,特别是在热带、亚热带条件下(温度 20～30℃及大于90%湿度),当橡胶与水或地面直接接触时,橡胶最易被霉菌及微生物侵蚀,霉菌使橡胶件光学及防腐性能变坏,密封橡胶制品上发霉降低密封性及表面电阻。

橡胶制品常用的防霉处理方法有三种:一是不采用容易导致霉变的助剂。二是在所用胶料中添加防霉剂(添加型防霉剂),使橡胶材料具有防霉菌功能。三是在橡胶制品表面浸涂防霉剂溶液(浸涂型防霉剂),同样也能获得较好的防霉效果。

防霉剂的防霉机理主要包括:①破坏霉菌细胞结构。防霉剂能够进入霉菌细胞的内部,破坏霉菌细胞的蛋白质及原生质膜,导致水分损失,使霉菌细胞无法生存下去;与此同时,还能使霉菌细胞内部的各种离子、酶、辅酶以及中间产物等渗出细胞,使防霉剂能够更加自由地进入霉菌细胞内部,形成良性循环。②防霉剂能够影响微生物细胞的分裂生长及其形态染色体,可以与染色体发生反应,抑制霉菌细胞染色体的分裂或使其发生突变,起到防霉目的。③防霉剂能够与微生物代谢物质发生不良反应或代替代谢物质,干扰其正常代谢或抑制其进行呼吸作用和磷酸化作用，杀死霉菌或抑制其生长发育。

橡胶防霉剂除需具有良好的防霉作用外，还应具有较高的热稳定性和低挥发性、良好的耐候性、对人畜毒性小、不影响橡胶材料的物理性能、较好的相容性等。防霉剂品种有酚类，胺类，咪唑类，含汞、锌、铜、砷等的化合物，常用的橡胶防霉剂有五氯酚、水杨酰苯胺、对硝基苯酚、磷酸乙基汞、五氯酚苯汞和五氯酚锌等。不同防霉剂通过合理的复配可以达到性能互补，使用效果更佳。

防霉剂的效果可用长霉等级来表示，如表3-6所示。

表3-6 长霉等级

生长程度	等级	注释
无	0	材料无霉菌生长
微量	1	分散、稀少或非常局限的霉菌生长
轻度	2	材料表面霉菌蔓延或霉菌松散分布或整个表面有菌丝连续伸延，但霉菌下面的材料表面依然可见
中度	3	霉菌大量生长，材料出现可视结构改变
严重	4	厚重的霉菌生长

防霉橡胶由生胶以及加入的补强炭黑、防老剂、促进剂和防霉剂等所组成。各种橡胶都可以制成防霉橡胶，常用的有 BR、NBR、EPDM、CR、MVQ、FPM等。不同橡胶应选用不同的防霉剂。对于浸涂型防霉剂，用防霉剂溶液对制品表面进行浸涂的时间很短，制品性能基本不受影响。对于添加型防霉剂，虽然其防霉效果较好，但防霉剂也作为胶料的组分保留在了材料中，会对材料性能产生影响，可使硫化胶的拉伸强度减小，压缩永久变形增大，邵氏 A 型硬度变化不大。有些还会延迟硫化作用。

防霉剂宜在混炼胶返炼时加入，适宜的用量为 2 质量份。

第4章

功能配方

78. 如何设计一个高弹性的橡胶配方?

选用玻璃化转变温度较低(耐寒性好)的胶种,如丁二烯橡胶、天然橡胶,避免使用环氧化天然橡胶(ENR)、IIR、CIIR。丁苯橡胶中溶液丁苯橡胶比乳液丁苯橡胶弹性好,低温乳液丁苯橡胶比高温乳液丁苯橡胶弹性好,充油丁苯橡胶具有更好的弹性。低 ACN 的丁腈橡胶、不饱和度高的氢化丁腈橡胶均具有较好弹性,G 型氯丁橡胶比其他类型氯丁橡胶弹性好。聚醚型 PUR 弹性好于聚酯型。分子量大、分布窄的胶种弹性好。

提高胶料的交联密度。

避免补强填料用量过大,降低填料结构性,提高填料表面活性。

采用偶联剂对填料进行改性或采用炭黑-白炭黑双相填料。

选择低黏度的加工油,如氯丁橡胶中选用菜籽油。

混炼时尽早加入炭黑,避免与油、SA 一起加入。或采用相混炼,提高配合剂分散性。

79. 减震橡胶应满足哪些性能要求?

减震橡胶的配方设计要满足下列性能要求。

(1)适当的静态刚度(K)

硫化胶的静态刚度即硫化胶的弹性模量。因为减震橡胶的固有频率(ω_0)是随刚度 K 而变化的,当机器的质量 M 已知时,减震橡胶的总刚度 $K=M\omega_0^2$。

(2)硫化胶具有适当的阻尼性能

减震橡胶的主要功能是吸收震源发出的振动能量,特别是阻止由于振动波产生的共振效应。橡胶的阻尼是由大分子运动的内摩擦引起的，是高分子力学松弛现象的表现，是橡胶材料动态力学性能的主要参数之一。

（3）动态模量

按主载荷的方向分类，减震橡胶的形状有压缩型、剪切型、复合型。产品之所以具有这些形状，是为了使减震橡胶的三方向（横向、纵向、铅垂）的弹簧常数能适应广泛的要求。不同的减震制品对动态模量也有不同的要求。根据高聚物分子结构与动态力学性能的关系可知，用作减震橡胶的分子结构特点是分子链刚柔适当，因为柔性过大的分子，松弛时间太快，不能充分体现它的黏性行为。

80. 影响橡胶阻尼性能的因素有哪些？

阻尼的物理意义是力的衰减，或物体在运动中的能量耗散。当物体受到外力作用而振动时，会产生一种使外力衰减的反力，称为阻尼力（或减震力）。它和作用力比被称为阻尼系数。

橡胶的阻尼性能主要取决于橡胶的分子结构。分子链上引入侧基或加大侧基的体积，位阻增加，橡胶分子之间的内摩擦增加，橡胶的阻尼增加。在通用橡胶中，丁基橡胶和丁腈橡胶的阻尼系数较大；丁苯橡胶、氯丁橡胶、硅橡胶、聚氨酯橡胶、乙丙橡胶的阻尼系数中等；天然橡胶和顺丁橡胶的阻尼系数最小。如表4-1所示。

表4-1 常见橡胶的阻尼系数（系数越大，减震效果越好）

胶种	阻尼系数（tanδ）	胶种	阻尼系数（tanδ）
NR	0.05～0.15	NBR	0.25～0.40
SBR	0.15～0.30	IIR	0.25～0.50
CR	0.15～0.30	Q	0.15～0.20

阻尼主要靠分子间的内摩擦来实现。

橡胶的滞后现象严重的，阻尼效果好。

分子链上引入侧基或加大侧基的体积，阻尼效果好。

结晶会降低阻尼效果。

适当提高交联密度，对减震和耐动态疲劳有利，但对耐热性不利。

填料的加入使阻尼（减震）增大。

填料的活性越大，硫化胶的阻尼性和刚度也增加。

阻尼配方中，天然橡胶一般用半补强炉黑和细粒子热裂炭黑效果好。合成橡胶中，可使用快压出炉黑和通用炭黑。一般随炭黑用量增加，硫化胶的阻尼和刚度也随之增加。

增塑剂对橡胶的阻尼性有一适应值。

丁基橡胶一般用硫黄硫化体系加促进剂 $N,N-2$ 二环己基-2,2-二苯并噻唑次磺酰胺（DZ），胶料的回弹性最低，损耗能量大，阻尼性能较好。

81. 如何设计减震橡胶配方？

可依据橡胶阻尼性大小选择生胶，但由于橡胶阻尼性受其他配合影响较大，因而生胶种类选择不受限。天然橡胶虽然阻尼系数较小，但其综合性能最好，耐疲劳性好，生热低，蠕变小，与金属件黏合性能好。因此，天然橡胶仍广泛地应用于减震橡胶。减震橡胶要求耐低温时，可与顺丁橡胶并用；要求耐气候老化时，可选用氯丁橡胶；要求耐油时，可选用低丙烯腈含量的丁腈橡胶；对低温动态性能要求苛刻的减震橡胶，往往采用硅橡胶。减震橡胶要求低阻尼时，用天然橡胶；当要求高阻尼时，可采用丁基橡胶。某些耐热性较好的橡胶，如氟橡胶、丙烯酸酯橡胶、三元乙丙橡胶、硅橡胶、氢化丁腈橡胶、氯磺化聚乙烯、共聚氯醇橡胶（氯醚橡胶），由于它们在高变形下的耐疲劳性能以及与金属粘接的可靠性都比较差，因而不宜用作减震橡胶。如果需要使用这些橡胶则必须克服上述缺陷，通过高变形下（实际使用条件考核）的试验鉴定后方可使用。

结晶会降低橡胶的阻尼特性，例如在减震效果较好的氯丁橡胶中混入结晶的异戊二烯橡胶，并用体系的阻尼系数将随异戊胶含量增加而降低。

橡橡并用和橡塑并用可增加阻尼系数。

硫化体系对减震橡胶的刚度、阻尼系数、耐热性、耐疲劳性有较大的影响。

一般在硫化胶的网络结构中，交联键中的硫原子及游离硫越少，交联越牢固，硫化胶的弹性模量越大，阻尼系数越小。采用传统的硫黄硫化体系，适当提高交联程度，对减震和耐动态疲劳性有利，但耐热性不够。天然橡胶采用有效硫化体系和半有效硫化体系时，虽然耐热性得到改善，但抗疲劳性能以及金属件的黏着性有下降的趋势。因此，必须使硫化胶的力学性能与阻尼性能等取得恰当的平衡。无硫硫化体系可有效提高胶料的耐热疲劳性能。

填充剂和橡胶一样，是影响胶料动态阻尼特性的重要因素。填充剂与硫化胶的阻尼系数、弹性模量有密切关系。硫化胶在外力的作用下，发生形变，分子运动，橡胶链段与填料之间或填料与填料之间的内摩擦，使硫化胶的阻尼增大。其增值的大小与填料和橡胶的相互作用及界面尺寸有关。填料的粒径越小，比表面积越大，则与橡胶分子的接触表面增加，物理结合点增多，触变性增大，在动态应变中产生滞后损耗增大，粒子之间的摩擦增大，因此阻尼系数较大，动、静态模量也较大。填料的活性越大，则与橡胶分子的作用越大，硫化胶的阻尼性和刚度也随之增加。填料粒子的形状对胶料的阻尼特性和模量也有影响，例如片状的云母粉可使硫化胶获得更高的阻尼和模量。

当炭黑粒径减小、活性增大、用量增加时，减震橡胶的阻尼系数和模量也随之提高。但是从耐疲劳性来看，炭黑在减震橡胶中却有不良的影响：炭黑的粒径越小，则疲劳作用越显著，疲劳破坏也越严重。

通常在减震橡胶中，随增塑剂用量的增加，硫化胶的弹性模量降低，阻尼系数增大。在减震橡胶中添加增塑剂，能改善橡胶的低温性能和耐疲劳性能，但同时也会使蠕变和应力松弛速度增加，影响减震橡胶的阻尼特性和使用可靠性，因此增塑剂的用量不宜过多。

82. 如何通过生胶调节橡胶的透气性？

调节透气性，主要取决于生胶极性、侧基、分子链柔性等。

极性橡胶如氯醚橡胶、高丙烯腈含量的丁腈橡胶、聚氨酯橡胶、氟橡胶和环氧化天然橡胶、氯丁橡胶等透气性低。

分子链侧基体积较大的橡胶，如丁基橡胶、聚异丁烯橡胶，其透气性也很低。

而玻璃化转变温度（T_g）低、弹性好、分子链柔性好、链段易于活动的橡胶，如硅橡胶、顺丁橡胶、天然橡胶，其透气性则较大。

83. 如何通过橡胶的配合体系调节橡胶的透气性？

橡胶硫化后的透气性减少，致密性提高。可通过调节硫化剂用量，控制交联硫化程度来调节橡胶透气性。

在大多数情况下，加入填充剂，胶料的透气性减小。具有片状结构的无机填料，如云母粉、滑石粉、石墨等，比球形粒子填料更能有效地降低透气性，但这类填料对其他性能有不利的影响。增加填料用量，相当于降低了硫化胶中橡胶的体积分数，也可降低透气性。

提高炭黑用量和降低比表面积（增大粒径）可以提高胶料的气密性。

增塑剂能渗透到橡胶分子之间，降低分子间作用力，使透气性增加，并且其用量增加时，透气性会显著增大。

杂质会造成制品内部和表面的缺陷，严重损坏橡胶透气性，低透气性的胶料配合剂应筛选后加入、混炼胶过滤后方可使用。同样，配合剂要在胶料中分散均匀，不能有结团现象（相当于杂质），否则将使硫化胶的透气性增大。

84. 如何设计真空橡胶配方？

真空橡胶指可在 $133\times10^{-8}\sim10^{-1}Pa$ 负压下长期使用的橡胶。它应具有高气密性、低透气性、低失重性等多种性能综合的特征。耐真空橡胶制品大多用于高、精、尖领域，例如，宇宙飞船、太空航天站及人造卫星等方面。

耐高真空的橡胶制品，一般选用高丙烯腈含量的丁腈橡胶或氟橡胶；耐超高真空的制品，最好选用维通（Viton）型氟橡胶。增塑剂因分子量小，挥发点低，易挥发，最好少用或不用。防老剂用量虽不大，但易挥发，也要少用或不用。填料不宜使用白炭黑，配用适量的炭黑可降低气体渗透性，有助于耐真空。

85. 海绵胶料应该满足哪些要求？

海绵橡胶是一种孔眼遍及材料整体的多孔结构材料。海绵橡胶按孔眼的结构可分为：开孔（孔眼和孔眼之间相互连通）、闭孔（孔眼和孔眼之间被孔壁隔离，互不相通）和混合孔（开孔、闭孔两者兼有）。海绵橡胶密度小，弹性和屈挠性优异，具有较好的减震、隔声、隔热性能。

为了得到符合需要的海绵橡胶，胶料应满足以下要求：

胶料应具有适当的可塑度。胶料的可塑度与海绵橡胶的密度、孔眼结构及大小、起发泡速率等有密切关系。海绵橡胶胶料的门尼黏度［ML(1+4)100℃］控制在 30 以下（威氏可塑度一般控制在 0.5 以上）。因此加工过程中要特别注意生胶的塑炼，尤其是天然橡胶、丁腈橡胶等门尼黏度较大的生胶，应采用三段或四段塑炼，薄通次数可多达 40～60 次。

胶料的发泡速率要和硫化速度相匹配。

胶料的传热性要好，使内外泡孔均匀，硫化程度一致。

发泡时胶料内部产生的压力应大于外部压力。

86. 用于海绵橡胶的发泡剂，应满足哪些要求？

用于海绵橡胶的发泡剂，应满足如下要求：

① 贮存稳定性好，对酸、碱、光、热稳定。

② 无毒，对人体无害，发泡后不产生污染，无臭味和异味。

③ 分解时产生的热量小。

④ 在短时间内能完成分解作用，且发气量大，可调节。

⑤ 粒度均匀、易分散，粒子形态以球形为好。

⑥ 在密闭的模腔中能充分分解。

87. 如何制作一个表观密度 0.3g/cm³ 左右的三元乙丙发泡橡胶?

其关键的几点如下:

① 单纯做表观密度为 0.3g/cm³ 的海绵没问题，如果是做海绵管，对胶料挺性要求很高。一般胶料做到这个表观密度在炉子里面加热就瘪了，可以并用4551。

② 胶料塑炼很重要，门尼黏度不能太低，注意胶料停放。

③ 发泡剂的选择配比与发泡剂的分散性也很重要。有机发泡剂可单用、并用或与无机发泡剂并用，主发泡剂用量 10 质量份以上，橡胶发泡剂可用 N,N'-二亚硝基五甲基四胺(H)、偶氮二甲酰胺(AC)、4,4-氧代双苯磺酰肼(OBSH)，助发泡剂可用硬脂酸、草酸、硼酸、苯二甲酸、水杨酸、氧化锌等，无机发泡剂常用小苏打。

④ 补强填料的选择也很重要，有些填料利于发泡，有些不利于发泡。各种填料尽量用密度小的，轻质的，一般用滑石粉，增加重钙比重，降低弹性和工艺性能。

⑤ 硫化速度必须与发泡速度相匹配。

⑥ 软化剂用量 50 质量份左右，虽然多加油容易发泡，但工艺性太差，塌陷粘辊，没有好的工艺性，无法保证炼胶分散性。

88. 设计海绵橡胶配方，如何选择发泡剂?

发泡剂有有机和无机两种。有机发泡剂主要包括如下几种:①偶氮化合物，如发泡剂 AC，偶氮二异丁腈等;②磺酰肼类化合物，如苯磺酰肼、对甲苯磺酰肼等;③亚硝基化合物，如发泡剂 H 等;④脲基化合物，如尿素、对甲苯磺酰基脲等。无机发泡剂主要有碳酸铵、碳酸氢钠、碳酸钠、氯化铵、亚硝酸钠等。

无机发泡剂在海绵橡胶中应用较少。无机发泡剂的分解是吸热反应，属于碱性物质，因此起硫速度快。其起始分解温度低(碳酸氢钠分解温度为 60~

150℃），分解气体的成分为二氧化碳和水，生成连续气泡的比例高。有机发泡剂的分解温度一般比无机发泡剂高，分解放出的气体主要是氮气，它在胶料中的溶解度小，渗透性低，适用于制造闭孔结构的海绵制品。

发泡剂 H、AC 等的分解温度都较高，在一般的硫化温度下，不能分解发泡。发泡助剂可降低发泡剂的分解温度，帮助发泡剂分散，或提高发气量。此外，加入发泡助剂还可减少气味和改善海绵制品表皮厚度。

常用的发泡助剂有有机酸和尿素及其衍生物。前者有硬脂酸、草酸、硼酸、苯二甲酸、水杨酸等，多用作发泡剂 H 的助剂；后者有氧化锌、硼砂等有机酸盐，多用作发泡剂 AC 的助剂，但分解温度只能降低至 170℃左右。发泡助剂的用量一般为发泡剂用量的 50%～100%，使用发泡助剂时，要注意对硫化速度的影响。

89. 设计海绵橡胶配方，如何选择硫化体系？

确定海绵橡胶硫化体系的原则是，使胶料的硫化速度与发泡剂的分解速度相匹配。不同的胶种应选择合适的硫化体系。通用橡胶如天然橡胶、丁苯橡胶、顺丁橡胶等，采用硫黄-促进剂硫化体系，硫黄的用量为 1.5～3.0 质量份。促进剂 M、DM、CZ、DZ、TMTD、二甲基二硫代氨基甲酸锌（PZ）等单用或并用均可作海绵橡胶的促进剂，但用量较实心制品多一些。硅橡胶、三元乙丙橡胶、丁腈橡胶、EVA、聚氯乙烯/丁腈橡胶以及某些橡塑共混材料，可选用过氧化物硫化体系，过氧化物的用量是按聚合物的交联效率来计算的，其用量的增减只能控制交联密度的大小。使用过氧化物硫化的硫化时间，应按它在硫化温度下的半衰期来决定，一般取其硫化温度下半衰期的 5～10 倍即可。氯丁橡胶常用氧化锌和活性氧化镁作硫化剂，1,2-亚乙基硫脲（ETU）为促进剂。

90. 设计海绵橡胶配方，如何选择填充剂？

海绵橡胶中的填充剂应该密度小、分散好，不会使胶料硬化，能调整胶料的可塑性和流动性，以及有助于海绵的发泡过程。一般来说，各种填充剂对发泡剂的分解温度和分解速度基本上没有影响，但对于海绵橡胶的强度、耐久性等性能的改善、加工性能的改善、微孔结构和分布是否均匀及成本等方面都是非常重要的。填充剂的分散性很重要，其粒子的均匀分散能促进孔坯的形成，关系到发泡的均匀性及制品表面外观。分散性好的填充剂有半补强炭黑、易混槽黑、轻质碳酸钙等。

91. 为何换了生胶厂家发泡效果就不好?

海绵橡胶对配合材料和工艺的敏感性很高,稍有变化就会影响发泡效果。

生胶品种更换,其胶料黏度和含量等都有变化,胶料硫化速度也可能改变,这些都是海绵生产中特别敏感的参数。其原因一是橡胶硫化速度太快,在发泡之前就硫化了,没发起来;二是胶料门尼黏度变大了,最好用硫化发泡仪测一下,然后再依据具体情况调整配方或工艺。

92. 如何制作丁腈橡胶微孔海绵?

可考虑 NBR/PVC、NBR/EVA 并用。

加强塑炼,最少薄通 30 遍。

充分停放,停放时间越长越好。

硫化体系可用硫黄硫化也可选用过氧化物硫化。主要是调节硫化速度与发泡速度关系。硫速可稍慢些,延长发泡时间。

93. 三元乙丙海绵胶密度和门尼黏度有关系吗?

有一定相关性,但关联性不强,胶料密度与发泡倍率有很大的关系。

同样的门尼黏度,发泡程度不同,密度也是不同的。

可以认为门尼黏度低一点会在发泡初期有利于发泡,门尼黏度低,发泡倍率大,但这不是绝对的,还得看硫化和发泡体系的协调。

94. 乙丙橡胶发泡材料,烘箱烘烤自然发泡为何容易出现中空?

在这一硫化发泡过程中,表皮没有先形成并封闭,导致内部发泡剂分解气体很快从内部逸出不能形成海绵。或者起硫时间长而发泡时间短,形成开孔逸出。因此在配方设计上可缩短起硫时间或分段硫化,先结皮,形成闭孔。

95. 什么发泡剂可以使橡胶发泡成大孔?

发泡剂可用 AC 和 H,多加点助发泡剂。发泡剂用量要多些。硫化速度要慢于发泡速度。软化剂用量大些,胶料的黏度要低。

96. 制造透明橡胶应该满足哪些条件?

制造透明橡胶必须满足如下三个条件:①生胶本身是透明的,特别是硫化后能表现出良好的透明性；如果是橡塑并用的透明胶料，所选用的塑料应是结晶度较低或无定形结构的聚合物，并且选用的橡胶、塑料等高分子材料的溶解度参数相近，具有较好的相容性。②各种配合剂应与橡胶的折射率相近，对橡胶的透明性没有影响；配合剂应选用色淡、透明性好、纯度高、不污染变色的，加工过程中不应与橡胶、塑料或其他配合剂发生反应生成带颜色的污染物质；粉状配合剂粒径小于可见光波长的 1/4 以下。③工艺条件如温度、压力和共混条件等，应不改变橡胶和配合剂原有的光学性质，并保持高度清洁生产。

透明橡胶配合越简单越好，尽可能少用或不用某些配合剂。

97. 设计透明橡胶，如何选择生胶体系?

一般情况下，凡是生胶本身呈透明状态的橡胶，它的硫化胶也有一定的透明性。有的生胶不显示透明性，但色相较好，不含污染性防老剂和其他污染性助剂，也可制得透明橡胶。通常用作透明橡胶制品的生胶品种有顺丁橡胶、丁苯橡胶（非污染或溶聚）、天然橡胶（No1-3RSS、SCR5L、SCR3L、SCR5）、异戊橡胶、乙丙橡胶、浅色丁腈橡胶、丁基橡胶、硅橡胶等。使用条件不同，生胶的种类也有所不同。

用于光学上、具有高透明度的橡胶可选用乙丙橡胶、乙烯-乙酸乙烯酯橡胶、氯醇橡胶、丁基橡胶等。最有实用价值的是具有最低凝胶含量的低分子量乙丙橡胶，门尼黏度为 18 的乙烯-丙烯-己二烯共聚三元乙丙橡胶最符合高透明度橡胶要求；一般的三元乙丙橡胶很难满足光学镜片的用途要求，采用低分子量、凝胶含量低的三元乙丙橡胶（第三单体为 1,4-己二烯），共聚物的组成为乙烯约 65%，1,4-己二烯约 10% 以下，其余为丙烯，可制得透光率在 90% 以上、浊度在 7% 以下的透明柔性材料。

用于玻璃黏合剂、潜水镜、导尿管、光纤包覆材料和浇注封闭材料的透明橡胶，主要使用硅橡胶。未填充的液体硅橡胶的强度较低，作为眼镜片材料使用时，可用铂化合物作催化剂，使其发生加成反应而制得拉伸强度较高的硅橡胶。

也可用某些热塑性弹性体直接制作透明橡胶，如 SBS 热塑性弹性体、聚氨酯类热塑性弹性体等，其透明性高于一般配合橡胶。

98. 设计透明橡胶，如何选择填料?

透明橡胶中，填料的选择应符合以下条件：①粒径要尽可能小且分布窄，当小至可见光波长的 1/4 以下时，光线可以绕射，粒子不会干扰光线在橡胶中的进程；②填料的折射率应与生胶相近，这样才不会干扰光线在橡胶中的透射方向；③纯度高无污染，当填料不纯时，很难得到透明性好的橡胶制品。

橡胶配方中填料的用量较大，对橡胶的透明性有着重要的影响，应选用不影响透明性的填料，最常用的为透明白炭黑和碱式碳酸镁。

碱式碳酸镁的折射率与天然橡胶、顺丁橡胶、丁苯橡胶、氯丁橡胶、丁腈橡胶和聚异丁烯的折射率相近，用于橡胶制品中，可获得较高的透明度。碱式碳酸镁填充的胶料较硬，挺性好，出型时表面光滑，能有效地防止硫化花纹变形；但伸长率小，永久变形大，耐老化性能稍差。碱式碳酸镁对天然橡胶有较好的补强效果，但对丁苯橡胶、顺丁橡胶等合成橡胶的补强效果差。透明白炭黑具备了较好的透明性和补强性，是当前透明橡胶制品重要的补强剂。研究表明：透明白炭黑粒径为 15～20nm，不超过 50nm 时，白炭黑的补强效果和加工性能较好。这是因为粒径过大，不仅影响补强效果，还会影响光线的透过，遮盖力大；粒径太小，容易形成次级聚集体（结团），也使补强性能降低。

用高纯度的透明白炭黑制造的三元乙丙橡胶透明片材的透光率可达 93%（片厚 4mm）；浊度仅为 2%～7%。美国研制开发的新型沉淀法白炭黑（Wet Process HydroPHobic Silican），商品名称 WPH，与从前的白炭黑相比，其粒子小，粒径的差别也小。它与硅橡胶混合后，可制得透明性特优且物理性能良好的透明硅橡胶。这样的透明硅橡胶，在宽广的温度范围内具有光学透明度，可以制作飞机座舱窗的中间膜、血液循环泵装置、导尿管等。其白炭黑的用量非常重要，如果增加白炭黑的用量，就会使拉伸强度、撕裂强度、硬度和透明度增加，但柔韧性降低。其用量一般在 30～60 质量份；当需要比较高的柔韧性时，白炭黑用量的最佳范围为 30～40 质量份。

99. 设计透明橡胶，如何选择硫化体系？

透明橡胶的硫化体系，应尽可能减少由于化学反应而产生的有色副产物。通常硫黄硫化体系至少包括三种配合剂（硫化剂、活性剂、一种或多种促进剂），容易产生有色的副产物，对透明性不利。而用过氧化物硫化时，体系最为简单。目前广泛使用的过氧化二异丙苯（DCP），由于硫化后残留在胶料中的臭味，而不宜用作透明橡胶的硫化剂。最初用于乙丙橡胶的过氧化物是双 25，但它受防老剂影响会产生颜色，影响硫化胶的透明度。在三元乙丙橡胶、硅橡胶的透明橡胶中使用的过氧化物，最好是无色透明的液体，其中 DTBP（二叔丁基过氧化物）较好。在过氧化物硫化的三元乙丙橡胶中，还要添加共交联剂。通常共交联剂是液态的，它会提高硫化胶的交联密度，减少表面黏性，不产生喷霜。

常用的共交联剂是三羟甲基丙烷三异丁烯酸酯和低分子量的 1,2-聚丁二烯或二者的混合物。

在透明橡胶中，硫黄为交联剂时，硫黄用量不宜过大，一般以 1.8～2.0 质量份为宜。硫黄用量过高时，会因硫化胶交联密度过大而导致透明度的降低。当橡胶与不饱和度低的塑料如聚乙烯并用时，需采用过氧化物如过氧化二异丙苯（DCP）才能产生有效的交联。在以橡塑并用体系为基体的透明胶料中，更多采用 DCP 与硫黄并用作硫化体系。

选用促进剂的要求：一是促进剂不污染；二是硫化后放置过程中不会发生重结晶；三是合适硫化速度。从硫化后胶料色泽的变化上促进剂可分为三类：硫化后胶料不变色，如 H；浅变色，如 M、DM；变深色，如二硫化四甲基秋兰姆（TT）、CZ、2-(4-吗啉硫代)苯并噻唑（NOBS）、二乙基二硫代氨基甲酸锌（ZDC）、N-乙基-N-苯基二硫代氨基甲酸锌（PX）、N,N'-二苯胍（D）。

透明橡胶中的主促进剂采用中速和超速促进剂并用体系，中速促进剂多选用噻唑类如 DM、M；少量超速促进剂选用秋兰姆类、二硫代氨基甲酸盐类，如 TMTD、TMTM、PX、PZ、ZDC 等。促进剂 H 在硫化时分解产生甲醛，可与天然橡胶中蛋白质结合从而使透明橡胶的色泽变浅，因此在透明胶料配方中是不可缺少的。促进剂 M 硫化速度快、透明性好，但易焦烧，可用促进剂 DM 代替 M。胍类和秋兰姆类促进剂都可能影响透明度，或使色相变差。用作天然橡胶的促进剂，最好采用促进剂 M/H/TMTS 并用，但此时胶料容易产生焦烧，为安全起见胶料贮存时间不宜过长。在以顺丁橡胶或顺丁橡胶/丁苯橡胶为基体的透明橡胶中，可使用 DM/H/PX/S 硫化体系或 DM/H/TMTD/PX/S 硫化体系，制出的透明胶料的透明性和物理性能都比较好。

普通氧化锌对可见光的遮盖力强，所以在透明橡胶中活性剂氧化锌的用量应尽可能低，一般为 1.5～2 质量份。透明橡胶中通常都使用透明氧化锌或活性氧化锌。透明氧化锌其化学组成为碱式碳酸锌，受热时分解出水和二氧化碳而转变成氧化锌，因而可直接用碳酸锌代替氧化锌，其用量为 1.5～3.0 质量份。也可采用活性氧化锌，它是粒子很细，活性很高的氧化锌，因此对胶料的透明性无明显影响，在透明橡胶中的用量为 0.5～1.0 质量份。

100. 设计吸水膨胀橡胶，如何选择基体材料？

吸水膨胀橡胶（WSR）可由通过化学改性引入亲水性官能团的橡胶基体材料制成，也可由橡胶材料和亲水性的化学物质进行共混制成。

吸水膨胀橡胶中基体材料确定的原则是：弹性好，工艺性能好，具有一定的强度。常用的橡胶有天然橡胶、氯丁橡胶、丁基橡胶、三元乙丙橡胶以及热塑性的 SBS 等。非结晶性橡胶与吸水树脂共混制成吸水膨胀橡胶，易发生冷流现象，用作止水材料时会丧失止水效果，因此最好采用常温下结晶区域或玻璃化区域达到 5%～50%的 1,3-二烯类橡胶，如氯丁橡胶。氯丁橡胶作基体比丁基橡胶作基体时制得的 WSR 膨胀性能好，但丁基橡胶作基体时强度高，耐压性好。亲水性化学物质常采用吸水性树脂，可改善橡胶的强度与加工性能，是吸水膨胀橡胶组成的关键组分。吸水性树脂应选择粒度小、吸水率大、保持水的能力强、在橡胶中易分散、不会析出的品种。一般吸水性树脂的用量越大，膨胀率就越大。但用量过大会影响橡胶的力学性能，在实际应用中应根据制品的使用条件，在吸水性和胶料的力学性能间达到最佳平衡。

101. 吸水膨胀橡胶中常用的吸水性树脂有哪些?

目前生产中常用的吸水性树脂有以下几种：

① 淀粉类　如淀粉-丙烯腈接枝聚合物的皂化物、淀粉-丙烯酸的接枝聚合物等。

② 纤维素类　如纤维素-丙烯腈接枝聚合物、羧甲基纤维素的交联产物等。

③ 聚乙烯醇类　如聚乙烯醇的交联产物、丙烯腈-乙酸乙烯酯共聚物的皂化产物等。

④ 丙烯酸类　如聚丙烯酸盐（主要是钠盐）（PNaAA）、甲基丙烯酸甲酯-乙酸乙烯酯共聚物的皂化产物等。

⑤ 聚亚烷基醚类　如聚乙烯醇与二丙烯酯交联的产物等。

⑥ 马来酸酐类　如异丁烯-马来酸酐的交替共聚物。阴离子型聚丙烯酰胺（PHPAM-1）等。

102. 如何从配方上改善吸水性树脂在吸水膨胀橡胶中的分散?

吸水性树脂大多是由水溶性树脂经部分交联或皂化而制成的，一般为颗粒状粉末，它们绝大多数不易在橡胶中分散。吸水性树脂在橡胶中分散不均匀，遇水时表面的树脂就会被水抽出，从而影响产品的吸水率。将吸水性树脂与水溶胀性聚氨酯并用并与橡胶混炼，则可制出具有不同吸水膨胀率和力学性能的吸水膨胀橡胶。在橡胶中掺用其他吸水性树脂也能制成吸水膨胀橡胶。可选用吸水倍率高、吸水后强度较好的吸水性树脂，如部分交联的聚丙烯酸钠、异丁烯-马来酸酐的共聚物等。其中以含羧酸盐的高分子电解质作为吸水性树脂最为适宜，特别是以乙烯基醚和烯烃不饱和羧酸或其衍生物为主要成分的共聚物的皂化物以及聚乙烯醇/丙烯酸盐的接枝共聚物，不但吸水后的强度高，而且还能提高吸水后材料的刚性。为了克服吸水性树脂与橡胶基材脱离的现象，吸水性树脂的粒径应控制在 $100\mu m$ 以下，$50\mu m$ 则更好。除了粒度之外，吸水性树脂的共混工艺对制品的外观、物理性能等也有重大影响。超吸水性树脂中发展最快的是丙烯酸类超吸水性树脂。

橡胶材料和吸水性树脂因热力学相容性差，混合后不能形成较好的混溶体系，分散相的吸水性树脂易彼此凝聚在一起，从橡胶交联网络中脱落，影响吸水膨胀橡胶的吸水性能和力学性能。选择适合的增容剂，可改善橡胶材料和吸水性树脂的相容性，从而提高吸水膨胀橡胶的吸水性能和力学性能。常用的增容剂是含聚氧化乙烯（PEO 300）嵌段的亲水亲油型多嵌段共聚物。

103. 如何设计水声透声橡胶的配方？

水声橡胶可以消除声的反射，降低噪声，保持声波的传递不失真，避免水下各种噪声的干扰。根据作用，可分为水声透声橡胶、水声吸声橡胶和水声反声橡胶。

水声透声橡胶之所以能传递声波的信号，是因为水声透声橡胶在声学性能上满足两个要求，一是橡胶的特性声阻抗（橡胶的密度与声波在橡胶中的传播速度的乘积）与声波传播介质水的声阻抗相匹配；二是声波通过橡胶时，橡胶对声能的损耗小。水声透声橡胶被广泛用于声呐导流罩和换能器透声窗上。声波透过橡胶时，就像外力作用在橡胶一样，使橡胶产生弹性形变和塑性形变，前者传递声能，后者使其衰减。因此胶料的弹性增加，声衰减减小。声衰减值取决于胶料的组成，尤其是橡胶的种类，配合剂对透声性能影响不大。

根据经验，天然橡胶的特性声阻抗与海水的匹配最好，两者的声阻抗值最为接近；声波在天然橡胶中的衰减值也最小。所以，天然橡胶是较好的透声材料。氯化丁基和丁基橡胶的声衰减值最大。

天然橡胶用作透声橡胶材料的缺点是透水性较大，可选用透水性较小的橡胶与其并用，改善透水性，例如氯丁橡胶。

104. 如何设计水声吸声橡胶的配方？

水声吸声橡胶用于船舶的声呐导流罩内壁的非发射面上，可消除声反射和噪声。用在螺旋桨上，可降低噪声。用在潜艇、水雷等，可对抗敌方声呐的探测。水声吸声橡胶之所以能作为吸声材料，是因为其满足以下两个要求。一是橡胶的特性声阻抗与声波传播介质水的声阻抗相匹配；二是橡胶具有很高的阻尼，声波能进入材料层，能量衰减特别高，能保证声能在材料层被全部吸收。橡胶具有黏弹性是橡胶作为水声吸声材料的主要原因。当声波作用于橡胶材料时，橡胶材料发生变形，橡胶分子链松弛，引起应变落后于应力的滞后效应，产生能量的损失。丁基橡胶和丁腈橡胶因内耗较高，适宜作吸声橡胶，天然橡胶和丁苯橡胶内耗最低，氯丁橡胶介于其中。丁基橡胶因其内耗高，耐水性和耐老化性能优异，适于长期在水下使用，故常用丁基橡胶制作水声吸声橡胶。

试验表明：丁基橡胶中炭黑、白炭黑、碳酸钙的用量增加，丁基橡胶的损耗因子降低，说明三种填料不利于丁基橡胶的吸声性能的提高。但是加入致密的填料，可改善吸声橡胶与水的特性声阻抗的匹配性，得到高密度的吸声泡沫材料。加入含气泡的填料，如软木粉、空心球、铝粉和石粉等，增大材料的可压缩性，可获得压缩性的吸声橡胶。

105. 如何设计水声反声橡胶的配方？

水声反声橡胶通常用在水声设备上，避免水下各种噪声的干扰。其作用原理是加大橡胶声阻抗与水的声阻抗的差别。橡胶中，随空气含量增加（>50%），剪切模量降低，声速下降，特性阻抗比海水低得多，橡胶与水的界面上有很高的反射率。在浅水中，海绵橡胶、泡沫塑料等可用作反声材料。在深水中，一般选能避免空气溢出、水不能渗透的闭孔海绵橡胶作反声材料，这是因为闭孔海绵具有较好的反声特性，反射系数一般可达80%以上。

106. 医用橡胶应该满足哪些要求？

对于那些直接接触生物组织或埋入人体内的医用橡胶，要求具有以下特性：

① 对人体不会引起变性；

② 不会引起周围组织炎症，无异物反应；

③ 无致癌性；

④ 不会引起变态反应及过敏性；

⑤ 尽管在人体内时间很长，其主要物理性能，如弹性、拉伸强度等不下降；

⑥ 不会因灭菌操作而产生变性；

⑦ 容易加工造型；

⑧ 用作软组织的医用橡胶，应具有足够的柔软性。特别是与血液直接接触的医用橡胶，应具有良好的血液相容性，不应是诱发血栓形成及溶血性的物质。

对于不直接接触生物组织的体外医用橡胶制品的要求，虽然比直接接触生物组织的体内医用橡胶制品低，但比一般橡胶制品的技术要求还是严格得多，特别是卫生指标的要求比较严格。如药物瓶塞类的医用橡胶，要求具有一定的弹性，按规定的针刺数次后不掉胶屑，并仍能保持原有的封闭性和气密性；不含铅、汞、砷、钡等有毒性的化合物；不与所封装的药剂起作用，破坏药剂的效果和影响药剂的澄明度；表面不能有喷出物，如游离硫、蜡和其他有机、无机物质；表面光滑而有一定的润滑性，不得有杂质和异物存在，能适应酸洗、碱洗、水洗等洗涤和消毒灭菌处理；有的药剂需长期在低温下贮存，则需要考虑耐寒性；用于贮存血浆容器的胶塞，不能有与血液起化学作用的物质；此外对 pH 值、易氧化物、重金属离子等均有严格的要求。

107. 如何设计医用橡胶的配方？

不直接接触生物组织的体外医用橡胶，主要使用硅橡胶、聚氨酯橡胶、卤化丁基橡胶、天然橡胶、丁基橡胶、异戊橡胶。当药品和油性介质组合或药品本身是油性时，可选用氯丁橡胶和丁腈橡胶。要求耐热性时，可选用三元乙丙橡胶。

合成橡胶最好选用为医疗目的专门制造的合成橡胶。这是因为一般的合成橡胶中都含有残留单体、残留催化剂及其分解物、阻聚剂、改性剂以及抗氧化剂等分子量较低的化学物质，而这些化学物质对人体健康影响较大，特别是硫化后，可能抽提的副产物变得更为复杂、更加困难。因此，工业上的通用合成橡胶，大部分都不符合生物体用质量标准。

直接接触生物组织的体内医用橡胶，主要是应用硅橡胶和医用聚氨酯橡胶两大类。硅橡胶耐热性好，可以采用高压蒸汽灭菌，耐氧、耐臭氧老化、耐辐射性强，生物稳定性好，长期植入人体内力学性质变化不大。硅橡胶不易黏附体液，具有抗凝血的性质，可用于制作输导体液的导管、插管以及体外循环变温器。硅橡胶具有透气性，特别是选择性透过氧气和二氧化碳的硅橡胶，是制作膜式人工肺的理想材料。医用聚氨酯橡胶的最大特点是力学性能与抗血栓性良好，与血液的相容性好，是制作人工心脏、人工血管、人工心瓣膜、人工矫形材料等的适用材料。

以天然橡胶为基础的医用橡胶，硫化剂仍以硫黄为主，但对硫黄的纯度要求特别高。硫黄是一种低毒物质，对皮肤和眼睛有轻度的刺激作用，因此其用量应严格控制，不宜过量。硫黄的用量应以满足橡胶的交联而又没有多余的剩余量为原则，否则会产生多方面的危害，如毒性、热源等生物方面的副作用。以卤化丁基橡胶为基础的医用橡胶，多选用金属氧化物如氧化锌作硫化剂。对于这种硫化剂，纯度要求仍是最重要的。氧化锌的用量按理论计算，在 0.55～0.85 质量份即可满足交联需要，但考虑到分散均匀性以及与其他配合剂相互作用的影响，通常选用 2～3 质量份。由于用氧化锌作交联剂时交联度不高，因此填充剂、操作助剂等配合剂易迁移，抽提物组分较多。所以，氧化锌的采用无助于提高"洁净度"，特别是对 pH 值变化较大的药液的封装更为不利。另外还要考虑氧化锌对某些药物的敏感性和配合禁忌问题。可供无硫无锌硫化体系选择的硫化剂是多元胺类。采用多元胺类硫化体系可避免硫黄和氧化锌的不利影响。

医用橡胶中，促进剂的选用应慎之又慎，因为促进剂的品种和用量对药品性能会产生直接的影响。应选用无毒的促进剂。促进剂的用量应尽可能小，品种应尽量少，这样才不至于产生副作用，对用药者无危害。由于过氧化物硫化剂及其副产物对溶血反应影响很大，体内医用硅橡胶最好采用辐射硫化。

制作医用橡胶，填料的选择应考虑以下几个因素：①有无毒性；②化学纯度；③pH 值；④挥发性物质含量；⑤憎水性；⑥粒径、结构度、粒子形状以及在橡胶中的分散性。体外医用橡胶多选用医用级的无机填充剂，例如重质碳酸钙、轻质碳酸钙、活性碳酸钙、白炭黑、陶土、煅烧陶土、硫酸钡、滑石粉等。煅烧陶土以其极低的吸水性、良好的分散性和较高的莫氏硬度成为丁基胶塞的首选填料。

在耐热、耐氧、耐臭氧老化性能较好的丁基橡胶或卤化丁基橡胶中，防老剂的防护作用很小，一般可以少加或不加。以天然橡胶为基础的体外医用橡胶，很容易出现橡胶老化、使用性能下降的问题，因此选用合适的防老剂是十分必要的。体外医用橡胶防老剂，应选择与橡胶相容性好，不易喷出、挥发、析出，在加工温度下稳定，不和其他助剂发生化学反应的品种，最重要的是污染性小，无毒性或低毒性，不变色。非污染性的防老剂 2,6-二叔丁基对甲酚（264）、2,2'-亚甲基双(4-甲基-6-叔丁基苯酚)（2246），毒性小、不污染，是体外医用橡胶常用的防老剂。一般情况下，如果能够满足 121℃×2h 的消毒条件，能不使用防老剂就不使用；在必须使用防老剂时，一定要把防老剂的用量限制在最低量。

操作助剂和软化增塑剂、分散剂、均匀剂等的选用，应符合以下要求：与主体材料及填料有良好的相容性，对人体无毒害影响，可抽提性低，迁移小。常用的操作助剂有医用凡士林、硬脂酸、石蜡、低分子量聚乙烯、低分子量聚异丁烯等。

108. 如何评价橡胶的阻燃性?

阻燃橡胶，是指能延缓着火、降低火焰传播速度，且在离开外部火焰后，其自身燃烧火焰能迅速自行熄灭的橡胶。

阻燃包括多方面：①非着火性，材料炭化而不着火燃烧。②耐延燃性，材料着火燃烧，但难于扩展蔓延。③自熄性，移除火焰后自然熄灭。④无焰燃烧的残烬时间短。⑤燃烧时无滴落。

广义上的阻燃性还包括安全性，能有效地抑制烟尘、有毒害性气体的产生及对人体的危害等。

评价聚合物材料可燃性，最常用的方法是氧指数法。氧指数（OI）表示试样在氧气和氮气的混合物中燃烧时所需的最低含氧量。氧指数越大，表示聚合物可燃性越小，阻燃性能越好。

109. 设计阻燃橡胶的配方的关键是什么？

橡胶燃烧的实质是橡胶在高温下发生分解，生成可燃性气体，进而在氧和热的作用下发生燃烧。因此阻燃的主要方法是断绝燃烧时所需要的氧气或隔离热源或降低体系的温度。提高橡胶制品阻燃性，一要抑制橡胶高温分解所产生的可燃性气体，例如加入卤素化合物，使之产生难燃性气体，以隔离热源和氧气；二是尽可能降低体系温度、吸收热量，例如加入氢氧化铝，它在受热时放出结晶水、吸收热量或提高热传导性，也可起到阻燃作用；三是选用自身阻燃性好、氧指数高、耐热性好、与阻燃剂和填充剂相容性好、燃烧传播速度较低的材料作为主体材料。因此阻燃橡胶的配方设计主要是阻燃剂的选择（品种和用量），其次是主体橡胶选择。

110. 阻燃橡胶中如何选择阻燃剂？

阻燃剂是指能够延迟或阻止高分子材料燃烧的配合剂。在橡胶制品中加入阻燃剂是提高其阻燃性最常用的方法，有些易燃橡胶通过与阻燃剂配合也能达到一定的阻燃要求。

阻燃剂的种类很多，按不同的分类方法，可分为以下几种。

① 按分子特征，可分为有机阻燃剂和无机阻燃剂。

② 按所含阻燃元素不同，可将阻燃剂分为卤系阻燃剂、磷系阻燃剂、氮系阻燃剂、磷-卤系阻燃剂、磷-氮系阻燃剂等几类。

卤系阻燃剂主要是氯和溴的化合物，最常用的是氯化石蜡、全氯环戊癸烷、氯化聚乙烯、四溴乙烷、四溴丁烷等。磷系阻燃剂主要有聚磷酸铵、磷酸酯类阻燃剂。

常用的磷酸酯类阻燃剂有磷酸三甲苯酯（TCP）、磷酸甲苯二苯酯（CDP）、磷酸三苯酯（TPP）、磷酸三辛酯（TOP）、磷酸三芳基酯、辛基磷酸二苯酯（DPOP）等。

在氮系阻燃剂中，氮的化合物和可燃物作用，促进交联成炭，降低可燃物的分解温度，产生的不燃气体能稀释可燃气体。

磷-卤系阻燃剂、磷-氮系阻燃剂主要是通过磷-卤、磷-氮协同效应达到阻燃目的。

③ 按组分的不同，可将阻燃剂分为无机阻燃剂、有机阻燃剂和有机无机混合阻燃剂三种。

无机阻燃剂热稳定性好，燃烧时无有害气体产生，符合低烟、无毒要求，安全性较高，既能阻燃又可作填充剂降低材料成本，但需要高填充才能获得较好阻燃效果。常用的无机阻燃剂主要有氢氧化铝、氢氧化镁、氧化锑和硼酸锌等。

有机阻燃剂主要有卤系、磷酸酯、卤代磷酸酯等。

有机无机混合阻燃剂是非水溶性的有机磷酸酯的水乳液，可部分代替无机阻燃剂。

卤系阻燃剂的阻燃效果与其结构有关。阻燃效果：脂肪族卤化物>脂环族卤化物>芳香族卤化物。卤系阻燃剂在热解过程中，分解出能捕获传递燃烧自由基的 X 及 HX，HX 还可稀释可燃物裂解时产生的可燃气体，隔断可燃气体与空气的接触。

辛基磷酸二苯酯被美国食品和药品管理局（FDA）确认为磷酸酯中唯一的无毒阻燃增塑剂，允许用于食品医药包装材料。磷酸酯类阻燃剂对含有羟基的聚氨酯、聚酯、纤维素等高分子材料的阻燃效果非常好，而对不含羟基的聚烯烃阻燃效果较差。磷系阻燃剂在燃烧过程中产生磷酸酐或磷酸，促使可燃物脱水炭化，阻止或减少可燃气体产生。磷酸酐在热解时还形成熔融物覆盖在可燃物表面，使其氧化生成二氧化碳，起到阻燃作用。

阻燃效果随着阻燃剂的增加而增大，每一种阻燃剂单独使用时，都有一个最低用量。单独使用氯化石蜡-70 时，用量超过 30 质量份才具阻燃效果，而单独用 $Al(OH)_3$，用量高达 100 质量份才具阻燃效果，Sb_2O_3 本身不具有阻燃性能，只有和氯化石蜡-70 并用才具阻燃特性，阻燃剂总用量超过 11%（质量分数，下同），OI 值大于 27%，这时才具有阻燃效果。随着阻燃剂用量增大，OI 值迅速增大，总用量超过 30% 后，OI 值大于 35%，表明有相当好的阻燃效果。阻燃剂总用量超过 35%，OI 值增加缓慢。

111. 低硬度无卤阻燃的三元乙丙橡胶配方阻燃剂的配合是什么?

要求:纯三元乙丙橡胶;硬度 40 左右,强度大于 6MPa。

对于低硬度配方,配方中油料的用量一般较大,尽量使用充油橡胶代替外部加油。或采用充油三元乙丙橡胶与液体三元乙丙橡胶胶料并用。

炭黑尽量少用,可以采用白炭黑或者其他补强材料,如果要求为黑色制品,可以加 3～5 质量份炭黑来着色。炭黑会延长燃烧时间,与硼酸锌或磷酸锌混用可弥补这一缺陷。

无卤阻燃体系,氢氧化镁或氢氧化铝需要添加 100 质量份以上(100～250 质量份)才有效果,不过添加量过大对胶料物性也会有很大影响,建议氢氧化铝+氢氧化镁+协同阻燃剂(如二甲基硅氧烷、三氧化钼、红磷、硼酸锌、三聚氰胺聚磷酸盐等),用量在 10 质量份左右。

112. 三元乙丙环保阻燃胶配方的要点是什么?

三元乙丙环保阻燃胶应满足 RoHS、PAHs 要求,无卤,重金属含量也不能超标。

使用环保助剂和原胶,切勿添加再生胶等,也不能使用油膏。

无卤阻燃配合体系中,氢氧化铝、氢氧化镁、硼酸锌用量要在 120 质量份以上,也可用高效的磷-氮系阻燃剂等。

尽量少加油,并使用环保油,因为油多了助燃。

关键点是选择好乙丙橡胶的型号,要低门尼黏度及高乙烯含量,低门尼黏度可以减少增塑剂的用量,增塑剂会影响阻燃效果;高乙烯含量可以保证力学性能,加入过多阻燃剂力学性能下降得比较快。

113. 设计磁性橡胶的配方时,如何选择生胶体系?

磁性橡胶的磁性基本上与橡胶的类型无关,磁性橡胶的性能主要取决于所用磁粉的类型、用量以及制造工艺等,各种橡胶均可制造磁性橡胶。但胶种会对磁性橡胶的力学性能、加工工艺性能等产生较大影响,因此应根据制品的要求,合理地选择生胶种类。

从对磁性影响上尽可能选用极性橡胶,如氯丁橡胶、丁腈橡胶,氯丁橡胶的磁通量略高,分子中具有较强的极性,有利于各向异性晶体粒子有规则地排列,因此呈现出较大的磁性。天然橡胶综合力学性能较好,易于加工,填充磁粉量较大,在磁性橡胶中应用较多。

当橡胶制品对强伸性能要求不高时，生胶的选择应以填充尽可能多的磁粉，又不影响橡胶的力学性能为原则。当磁粉的填充量很大时，以天然橡胶为基础的磁性橡胶综合性能较好，以氯化聚乙烯橡胶制备的磁性橡胶性能也很好。用液体橡胶为原料制作的磁性橡胶，工艺简单，用少量磁粉就能获得同干胶高填充量相近的磁性能，是一种有发展前途的制作方法。

114. 磁性橡胶的配方常用的磁粉有哪些?

磁性橡胶的磁性主要取决于磁性填料——磁粉。一般来说，在磁场下能呈现磁性，且对橡胶不起破坏作用的固体粉末都可作磁性填料。磁性橡胶的要求是能大量填充磁性材料，在磁化后能保持磁性，且能牢固地吸着在有永磁材料的铁板上面。满足这些要求的磁粉不是很多，实际上有价值的磁性材料极为有限，主要有铁氧体型粉末磁性材料和金属型粉末磁性材料。金属磁粉包括铁钴、铁镍、铁锶、铁钡、铁钕硼、铁铝镍和铝镍钴的金属混合物粉末，都是强磁性物质，铁钴粉使用最为广泛。铁钴金属混合物粉末的剩余磁性强度是铁氧体磁粉的 4 倍。金属磁粉因价格昂贵及添加困难而较少使用，只用在小空间内产生大磁场的精密仪器上。铁氧体磁粉主要选用高铁酸盐，是由氧化铁与某些 2 价金属化合物生成的二元或三元氧化物，即铁氧体 $MO \cdot (Fe_2O_3)_n$。铁氧体的原料是炼铁时的副产品，且铁氧体磁粉价格低廉，原料易得，制造简单，综合性能优异，密度较低，因此其被广泛使用。

磁性橡胶的磁性与磁粉的磁性能、粒径、含量有关。

磁性橡胶的磁性随着磁粉含量的增加而增大，但磁粉填充量的多少，取决于磁粉的粒径。一般情况下，磁粉粒径大，粒度分布不均，则在橡胶中分散不均，加工性能较差，并且导致内退磁现象加强，还会造成应力集中，降低力学性能，所制得的产品充磁后表面磁强分布不均匀度增大。磁粉粒径小，分布均匀的微细磁粉比表面积大，在橡胶中能均匀分散，减少对制品强度性能的破坏。产品充磁后磁强分布均匀度提高。从原理上来说，要求磁粉粒径尽可能小，一般磁粉粒径最好为 $0.5 \sim 3\mu m$。

磁粉填充系数小，则材料的磁导率小，随磁粉用量增大，磁性橡胶的磁性也随之增加，但其力学性能下降。

磁粉填充系数小于 50%时，实际测不出橡胶的磁性能；磁粉填充系数超过 50%，橡胶的磁性常数增加。在同样填充量时，使用液态橡胶制作的磁性橡胶的磁性能提高很多，这可能是由磁粉分散好，内退磁现象减弱导致的。随磁粉用量增大，磁性橡胶的磁性成直线增加，但混炼工艺变差，硫化胶的强度、伸长率、永久变形都急剧下降。在这一过程中，当磁粉加到一定量时，硫化胶力学性能达一极值，在不加其他补强剂的情况下，在天然胶中磁粉含量70%～90%时，扯断强力最大，这一极值随生胶种类、填料性质及配合剂影响而变，由于磁粉粒子与聚合物分子间没有生成化学键，增加磁粉用量导致弹性下降，硬度上升，因此应保证磁性橡胶制品在满足一定的力学性能条件下尽可能提高磁粉的用量以增加磁性。

115. 橡胶按电性能分为哪些?

电阻率 ρ_v 在 $10^0 \sim 10^4 \Omega \cdot cm$ 以下的橡胶称为导电橡胶。

电阻率 ρ_v 在 $10^{-3} \sim 10^0 \Omega \cdot cm$ 的橡胶称为超导电橡胶。

电阻率 ρ_v 下限不少于 $10^4 \sim 10^5 \Omega \cdot cm$，$\rho_v$ 上限不大于 $10^6 \sim 10^8 \Omega \cdot cm$ 的橡胶称作抗静电橡胶（导出静电，防止静电积聚）。

电阻率 ρ_v 在 $10^8 \Omega \cdot cm$ 以上的橡胶称作电绝缘橡胶。

116. 什么样的橡胶电绝缘性好?

通常非极性橡胶如天然橡胶、顺丁橡胶、丁苯橡胶、丁基橡胶、乙丙橡胶、硅橡胶的电绝缘性较好。其中硅橡胶、乙丙橡胶、丁基橡胶电绝缘性能更好些，可用于高压绝缘制品，而且耐热性、耐臭氧、耐气候老化性能也比较好，是常用的电绝缘胶种。天然橡胶、丁苯橡胶、顺丁橡胶以及它们的并用胶，只能用于中低压产品。这是因为一方面这些橡胶的耐热性和耐臭氧老化性能较差，另一方面丁苯橡胶、顺丁橡胶合成体系的残余乳化剂等是电解质，特别是水溶性离子对电绝缘性影响很大。极性橡胶不宜用作电绝缘橡胶，尤其是高压电绝缘制品，但氯丁橡胶、氯磺化聚乙烯橡胶、氯化聚乙烯橡胶、氯化丁基橡胶由于具有良好的耐气候老化性能，故可用于低绝缘程度的户外电绝缘制品。氟橡胶、氯醇橡胶、丁腈橡胶以及丁腈橡胶/聚氯乙烯的共混胶，可分别用作耐热、耐油、阻燃的电绝缘橡胶。

117. 如何设计电绝缘橡胶配方?

一般情况下，电绝缘橡胶中不用炭黑。这是因为炭黑用量较大时很容易形成导电的通道，尤其是高结构、比表面积大的炭黑，使电绝缘性明显降低。电绝缘橡胶中常用的填料，有陶土、滑石粉、碳酸钙、云母粉、白炭黑等无机填料。高压电绝缘橡胶可使用滑石粉、煅烧陶土和表面处理过的陶土。低压电绝缘橡胶可选用碳酸钙、滑石粉和普通陶土。选用填料时，应格外注意填料的吸水性和含水率，因为吸水性强和含有水分的填料会使硫化胶的电绝缘性降低。为了减小填料表面的亲水性，提高填料与橡胶的亲和性，可以采用脂肪酸或硅烷偶联剂对陶土和白炭黑等无机填料进行表面改性处理。用硅烷偶联剂和低分子高聚物处理的无机填料，具有排斥橡胶与填料间水分的作用，这样就可以防止蒸汽硫化或长期浸水后电绝缘性的降低。

填料的粒子形状对电绝缘性能，特别是击穿强度影响较大。例如片状滑石粉填充胶料的击穿强度为46.7MV/m，而针形纤维状的滑石粉为20.4MV/m。因为片状填料在电绝缘橡胶中能形成防止击穿的障碍物，使击穿路线不能直线进行，所以片状的滑石粉、云母粉击穿强度较高。

天然橡胶、丁苯橡胶等通用橡胶，多以硫黄硫化体系为主。随着硫黄用量的增加，硫化胶的电绝缘性先变差，又变好。综合考虑，在软质绝缘橡胶中，以采用低硫或无硫硫化体系较为适宜。以丁基橡胶为基础的电绝缘橡胶，最好使用醌肟硫化体系。常用的醌肟硫化体系有：对苯醌二肟/促进剂 DM 和二苯二甲酰苯醌二肟/硫黄（0.1 质量份以下）。对某些力学性能要求较高，而电性能要求不高的低压产品用丁基橡胶，可使用硫黄-促进剂硫化体系，其组成（质量份）为：硫黄0.5，促进剂 TMTD 1，ZDC 3，促进剂 M 1。

使用醌肟硫化剂和过氧化物硫化的乙丙橡胶，电绝缘性和耐热性都比较优异。

促进剂一般采用二硫代氨基甲酸盐和噻唑类，其次是秋兰姆类。碱性促进剂会增加胶料的吸水性，电绝缘性下降。极性大和吸水性大的促进剂，会导致介电性能恶化，不宜使用。

118. 如何将胶料体积电阻率提高到 $10^{16}\Omega\cdot cm$ 的水平？

胶种应优选 EPDM/IIR，选择乙烯含量高的，第三单体中低的牌号。填料可选煅烧高岭土、白炭黑（如 VN3）、滑石粉、云母粉。煅烧高岭土从颜色判别，淡黄色的比雪白色产品性能更高。云母粉也有效果，但不如滑石粉效果好。加一定量的硅烷偶联剂更好，如 A172，以增加无机填料与橡胶的相互作用。采用过氧化物硫化时可加一定量的交联助剂。

119. 设计导电橡胶的配方关键是什么？

导电橡胶的导电性能在很大程度上取决于导电性填料的品种和用量。常用的导电填料有炭系和金属系两大类。如表 4-2 所示。

表 4-2 导电填料的种类和特点

体系	类别	种类	特点
炭系	导电炭黑	乙炔炭黑 炉法炭黑 热裂法炭黑 槽法炭黑 其他炭黑	纯度高, 分散性好 导电性高 导电性低, 成本低 导电性低, 粒径小, 用于着色 限定于黑色制品
	碳纤维	聚丙烯腈（PAN）类	导电性好, 成本高, 加工困难
	石墨	天然石墨 人造石墨	依产地而异, 难粉细化, 导电性比 PAN 低, 成本低
金属系	金属细粉末 金属氧化物 金属碎片 金属纤维	金、银、铜、镍合金等 ZnO、SnO_2、In_2O_2 铝、镍、不锈钢	有氧化变质问题, 金和银的价格高, 可用于透明彩色制品, 导电性差
其他	玻璃珠、纤维镀金属	金属表面涂层 镀金属	加工时存在变质问题

粒子状的炭黑可用作导电橡胶的适宜填充剂, 价格便宜, 能提供导电性, 提高硫化胶的抗碎强度、抗疲劳性和耐久老化性能等, 使硫化胶具有非常好的稳定性。碳纤维类填充剂虽然在提高硫化胶的疲劳性能和物理性能方面较差, 但若使用方法得当有时可获得极高的导电性能, 可用于要求特种功能的导电橡胶制品。

金属类导电填充剂可使用金、白金、银、铜、铝、镍等细粉末和片状、箔状或加工成金属纤维状物。金、白金和银等贵金属虽然稳定性优异, 但价格高, 限定用于特种用途。铜和镍类填充剂价格较低, 但易氧化降低导电性能, 同时促进橡胶老化。铝粉会产生火灾危害。可在廉价的金属粒子、玻璃珠、纤维等表面涂覆贵金属导电剂, 达到性能和成本的平衡。

填料类型、用量对橡胶制品的导电性至关重要。随着导电填料用量增加和粒径减小, 填料粒子数量增加, 开始时电导率提高不明显, 当导电填料粒子数量达到某一数值后, 电导率就会发生一个跳跃, 剧增几个或十几个数量级。导电填料用量达到或超过某一临界值之后, 导电填料填充的橡胶就成为导电橡胶了。该临界值相当于复合材料中导电填料粒子开始形成导电通路的临界值。不同导电填料在同一种橡胶中, 或同一种导电填料在不同的橡胶中, 该临界值是不同的。在三元乙丙橡胶中当炭黑用量不变时, SCF 炭黑（超导电炉法

炭黑）具有最高的导电性，而乙炔炭黑却是最小的。当要求电阻率在
100Ω·cm 以下时，SCF 炭黑的用量为 20 质量份，而乙炔炭黑的用量为 60 质量份，其余导电炭黑则在 40 质量份左右。在天然橡胶中随乙炔炭黑含量增加，胶料的电阻率下降。考虑到胶料的力学性能，乙炔炭黑的加入量以不超过 80 质量份为宜。

120. 天然胶做导电产品时，用哪些材料可以使电阻率达到 10Ω·cm 以下?

以天然橡胶为基材通过合适配合，电阻率是可以达到 10Ω·cm 以下的。

炭黑用乙炔炭黑或其他超导炭黑（卡博特 BP 2000，VXC-72 华光导电炭黑）。

增塑剂用一些极性增塑剂，如磷酸酯等。

配用一些抗静电剂，会增加导电性能。

可以并用少量石墨烯。

121. 为什么有时导电胶料硫化后导电性明显降低?

由于硫化使橡胶网状结构进一步加强，造成导电离子的间距变大，减少了导电离子接触的概率，从而导电性变差。如果要想硫化后的导电性满足要求，可以增加导电离子的含量，提高导电材料用量或者使用一些纤维状的导电材料。

122. 硅胶导电橡胶可不可以做到体积电阻率 10Ω·cm 以下?

硅橡胶导电性是可以做到 10Ω·cm 以下的，但只用导电炭黑是不可行的，需用金属粉，银粉、镍包铜粉是导电硅胶目前最理想的导电填充料。添加不同的导电粉并保证一定的填充量，体积电阻率可为 0.004～0.1Ω·cm。

123. 物体为什么会呈现不同颜色?

物体在日光照射下会呈现不同颜色，这与物体对可见光波（波长范围大约为 380～780nm）的吸收和反射特性有关。例如，在日光照射下，如果物体能同等地吸收整个可见光波长的光线，就是黑色；如果能同等地反射整个可见光波长的光线，就是白色；如果只能吸收可见光波长的一部分，而反射或透过其余波长的光线，就呈现色彩。用着色剂改变橡胶的颜色，实质就是改变橡胶固有的吸收和反射光波的特性。胶料对可见光的吸收与所呈现的色彩之间的关系见表 4-3。

表 4-3　物体对可见光的吸收及所呈现的颜色

吸收的可见光		呈现的颜色
波长/nm	对应的颜色	
393～435	紫色	黄色～绿色
435～480	蓝色	黄色
480～490	绿色～蓝色	橙色
490～500	蓝色～绿色	红色
500～560	绿色	红色～紫色
560～580	黄色～绿色	紫色
580～590	黄色	蓝色
590～605	橙色	绿色～蓝色
605～770	红色	蓝色～绿色

124. 胶料对着色剂有哪些要求?

（1）着色力和遮盖力要强

着色力，就是着色剂以其本身的色彩影响整个胶料颜色的能力。着色力越大，着色剂用量越小，着色成本越低。着色力与着色剂本身特性有关，与其粒径也有关系，一般随粒径的减小而增大。当彩色颜料与白色颜料并用时，着色力往往可以提高。

遮盖力也称覆盖力或被覆力，即遮盖橡胶底色的能力，也是着色剂阻止光线穿透制品的能力（着色剂的透明性大小）。对有色橡胶制品，着色剂遮盖力越大越好，以防透出橡胶底色，使制品色泽不鲜艳。对透明制品，遮盖力越大，透明性越差。遮盖力的大小，取决于着色剂的折射率与生胶折射率之差，差值越大，遮盖力越强。

（2）对硫黄和其他配合剂的稳定性及耐热性良好

除少量低温硫化橡胶制品外，绝大多数制品需经 110～170℃下较长时间的硫化，着色剂在此期间应不干扰硫化，不与其他配合剂反应，不变色。

（3）不影响制品的性能

着色剂不应对制品的力学性能和耐老化性能有不良影响，受日光作用后，应不易褪色或变色。

（4）易分散

着色剂应易于在橡胶中分散，以提高工效，并使胶料色泽均匀一致。

（5）耐溶剂性和化学稳定性好

着色剂在橡胶中不迁移，在水、油及溶剂中不渗透，以保证对织物和邻近胶料、物质不污染以及在水、油等介质中使用时不褪色。

（6）无毒无臭环保

与食品或人体接触的橡胶制品所使用的着色剂必须无毒无臭，同时不对环境造成污染。

（7）价格低廉

一般着色剂的上述性能并非全部合乎理想，也并非所有的橡胶制品对着色剂的各种性能要求都同样苛刻，使用中一般根据制品的实际情况加以适当选择。

125. 橡胶调色基本配合有哪些?

以天然橡胶为主体的胶料调色基本配合参考如表4-4所示。

表4-4　常用橡胶调色基本配合

序号	颜色	生胶基本配合/质量份	颜料品种与用量/质量份
1	白色	标准1号天然胶：80；BR9000：20	钛白粉10~25，群青0.3~1
2	大红色	标准1号天然胶：100	橡胶大红LC 2~5
3	红色	标准1号天然胶：100	立索尔宝红1.5~3，氧化铁红5~8
4	粉红色	标准1号天然胶：100	锌钡白20~30（钛白粉3~5），橡胶大红LC 0.1~0.3
5	绿色	标准1号天然胶：100	酞菁绿3~6
6	绿色带蓝光	标准1号天然胶：80；BR9000：20	酞菁蓝0.2~0.4，酞菁绿0.5~1.2，联苯胺黄0.5
7	草绿色	标准1号天然胶：80；BR9000：20	锌钡白10~15（钛白粉3~5），铬黄1.5~2，群青4~5
8	啡色	标准1号天然胶：100	联苯胺黄0.5，氧化铁红4~8，炭黑0.1~0.5
9	灰色	标准1号天然胶：100	锌钡白15~20（钛白粉3~5），炭黑0.2~0.5，群青0.1~0.3
10	蓝色	标准1号天然胶：100	锌钡白15~20（钛白粉3~5），酞菁蓝1~2
11	天蓝色	标准1号天然胶：100	锌钡白15~30（钛白粉3~5），酞菁蓝0.1~0.6
12	米色	标准1号天然胶：100	锌钡白15~20（钛白粉3~5），氧化铁红0.15~0.3，铬黄0.2

序号	颜色	生胶基本配合/质量份	颜料品种与用量/质量份
13	黄色	标准 1 号天然胶：100	锌钡白 10～20（钛白粉 3～5），联苯胺黄 0.2～0.5
14	黑色	标准 1 号天然胶：100	炭黑 8～15
15	墨绿色	标准 1 号天然胶：100	酞菁蓝 2.5～3，酞菁绿 2.5～3
16	玫瑰红色	标准 1 号天然胶：100	橡胶大红 LC 0.15，立索尔宝红 1.0
17	红棕色	标准 1 号天然胶：100	橡胶大红 LC 2.0，立索尔宝红 3.0
18	橄榄色	标准 1 号天然胶：100	铬黄 2.4，炭黑 0.5，立索尔宝红 2.5
19	橙色	标准 1 号天然胶：100	橡胶大红 3118 0.5，耐晒黄 4.5

126. 能耐−40℃至 110℃且要耐机油，在 1.6MPa 压力下能起到密封作用的橡胶有哪些？

生胶可选用 NBR、CR，如配合好的话，丁腈橡胶的耐温范围能达到−50～125℃，丙烯腈含量 28%左右的丁腈橡胶，耐高温达 120℃。

−40℃用 DOS、DOA 等能提高耐寒性的增塑剂来达到。

用 DCP 硫化可以达到 130℃，低温也很好，只是强度和伸长率差些，无味 DCP 和双 25 的气味小些，也可考虑用低硫高促的有效硫黄硫化体系或者硫黄与过氧化物并用硫化体系。

第 5 章

工艺配方

127. 配方上如何调节胶料的焦烧时间?

调节胶料的焦烧时间首先要考虑橡胶种类,不饱和度小的丁基橡胶、乙丙橡胶,焦烧时间长,而不饱和度大的天然橡胶、异戊橡胶焦烧时间短,容易产生焦烧。硫黄硫化丁腈橡胶焦烧时间随着丙烯腈含量增加而缩短。橡胶并用也可改变焦烧时间。

当胶种确定后,用来调整焦烧时间的主要是硫化体系的选择。对硫黄硫化体系,焦烧时间与促进剂品种(活性)和用量关系更为密切。分子结构中含有防焦官能团(—S—S—等)、辅助防焦基团(如羰基、羧基、磺酰基、磷酰基、硫代磷酰基和苯并噻唑基)的促进剂能缩短焦烧时间。次磺酰胺类促进剂是一种焦烧时间长、硫化速度快、硫化曲线平坦、综合性能较好的促进剂。不同类型的促进剂焦烧时间排列如下:次磺酰胺类>噻唑类>秋兰姆类>二硫代氨基甲酸盐类。常用的促进剂的焦烧时间排列是:ZDC<TMTD<M<DM<CZ(CBS)<NS(N-叔丁基-2-苯并噻唑次磺酰胺)<NOBS<DZ。采用促进剂并用也可调整焦烧时间,其中一些并用使焦烧时间变短,但还有一些并用可使焦烧时间变长,保证胶料加工安全性。常用的促进剂 TMTD,焦烧时间极短,与次磺酰胺类(如 CZ)、噻唑类(如 DM)促进剂并用后焦烧时间增加;但与促进剂 D 或二硫代氨基甲酸盐并用后焦烧时间更短。单独使用秋兰姆类促进剂(用作硫化剂)的胶料,即使不加硫黄或少加硫黄,其焦烧时间也比较短,并用次磺酰胺类或噻唑类促进剂同时减少秋兰姆促进剂用量,则可延长其焦烧时间。二硫代氨基甲酸盐类促进剂焦烧时间短,并用胍类促进剂时,焦烧时间会进一步缩短。因此二硫代氨基甲酸盐类促进剂适于在低不饱和度橡胶

（如 IIR、EPM、EPDM）中使用，也适于在低温硫化或室温硫化的不饱和橡胶中应用。含有次磺酰胺的硫化体系硫化二烯烃橡胶时氧化锌含量过低会引起焦烧。当次磺酰胺类促进剂或胶料受潮时，促进剂会发生水解，焦烧时间缩短。

对于低硫硫化或无硫硫化的有效硫化体系，选用 DTDM 代替 TDTM 作为给硫体，可延长焦烧时间。

对于氟橡胶，双酚类硫化体系比二胺类硫化体系更安全。

防焦剂是延长胶料焦烧时间的专用助剂，工业上常用的防焦剂有苯甲酸、水杨酸、邻苯二甲酸酐、N-亚硝基二苯胺、N-环己基硫代邻苯二甲酰亚胺（防焦剂 PVI）等。防焦剂 PVI 是一种效果极佳的防焦剂，获得了广泛的应用。采用 PVI 不仅可以提高混炼温度，改善胶料加工和贮存的稳定性，还可使已焦烧的胶料恢复部分塑性。和以往常用的其他防焦剂不同，PVI 不仅能延长焦烧时间，而且能不降低正硫化阶段的硫化速度。通常用量为 0.1～0.5 质量份。

对于过氧化物硫化体系，用量较少的 BBPIB [1,4-双(叔丁基过氧基二异丙)苯] 代替 DCP 就可延长胶料的焦烧时间。选用半衰期温度更高过氧化物（如双25），具有更长焦烧时间。助硫化剂一般都能缩短胶料焦烧时间。

炭黑对填充胶料焦烧时间的影响主要取决于炭黑的 pH 值、粒径和结构性。炭黑的 pH 值越大，碱性越大，焦烧时间越短，例如炉法炭黑的焦烧时间比槽法炭黑短。炭黑的粒径减小或结构性增大时，会使胶料在加工时生热量增加，因此炭黑的粒径愈小，结构性愈高，则胶料的焦烧时间愈短。随着槽法炭黑用量的增加，天然橡胶焦烧时间延长，丁腈橡胶焦烧时间延长的幅度则较弱。炉法炭黑填充天然橡胶、丁腈橡胶，炭黑的用量越大，焦烧时间越短。炉法炭黑和槽法炭黑对氯丁橡胶焦烧性能的影响几乎相同，随炭黑用量增加，焦烧时间递减。

有些无机填料（如陶土、白炭）对促进剂有吸附作用，会迟延硫化，焦烧时间延长。表面带有—OH 基团的填料，如白炭黑表面含有相当数量的—OH，会使胶料的焦烧时间延长，使用时应予以注意。

胶料中加入软化增塑剂一般都延迟焦烧，其影响程度视胶种和软化增塑剂的品种而定。例如在三元乙丙橡胶胶料中，使用芳烃油的耐焦烧性，不如石蜡油和环烷油。在金属氧化物硫化的氯丁橡胶胶料中，加入 20 质量份氯化石蜡或癸二酸二丁酯时，其焦烧时间可增加 1～2 倍，而在丁腈橡胶胶料中，只增加20%～30%。

二烷基类 PPD 抗臭氧剂相比其他类 PPD 焦烧时间更短。

128. 氯丁橡胶的焦烧时间如何调节？

相比 G 型而言，W 型氯丁橡胶焦烧时间更长。提高氧化镁用量和比表面积（大于 $100m^2/g$）可延长焦烧时间。硬脂酸在氯丁胶中往往起到硫化抑制剂作用，能延长焦烧时间，降低硫化速度。

大量 MBTS（二硫化二苯并噻唑）与 ETU 并用可给予氯丁橡胶较长焦烧时间和较快硫化速度。

在氯丁橡胶中加入促进剂 CBS 可延长焦烧时间。

在传统 ETU 硫化的氯丁橡胶中，加入 N-环己基硫代酞酰亚胺可起防焦剂的作用。

129. 硫化速度快的胶料配方如何设计？

不饱和度高的橡胶硫化速度快。

促进剂是影响硫化速度最重要的因素，常用类型的促进剂可分为慢速促进剂（醛胺类促进剂），中速促进剂（胍类促进剂），准速促进剂（噻唑类促进剂、次磺酰胺类促进剂、次磺酰亚胺类促进剂），超速促进剂（秋兰姆类促进剂、二硫代磷酸盐类促进剂），超超速促进剂（二硫代氨基甲酸盐类促进剂）。

采用促进剂并用可提高硫化速度，如以噻唑类（MD、M）为主促进剂，加入促进剂 DPG 作为助促进剂，以次磺酰胺类 [N-叔丁基-2-苯并噻唑次磺酰胺（TBBS）、N-氧联二亚乙基-2-苯并噻唑次磺酰胺（MBS）、CBS] 为主促进剂，加入 DPG、偏苯三酸三烯丙酯（TATM）、二硫化四苄基秋兰姆（TBzTD）、TMTD、一硫化四甲基秋兰姆（TMTM）、二硫化四乙基秋兰姆（TETD）、ZDC、二丁基二硫代氨基甲酸锌（BZ）、N,N-二邻甲苯胍（DOTG）作为助促进剂，均可有效提高硫化速度。

胶料中如促进剂和硬脂酸用量较高时，可以增加氧化锌用量来提高硫化速度。要求硫化速度快的胶料不可用防焦剂。

高性能 DBPH-50-HP [2,5-二甲基-2,5-双(叔丁基过氧基)己烷，添加高效专用助剂，45%分散于碳酸钙中] 过氧化物配方，可以使胶料的硫化速度更快。用量较大的有 DCP 相、白炭黑、硬质陶土、碳酸镁等。天然橡胶、异戊橡胶加入炭黑后，混炼胶的强度提高，包辊性提高。胶料中加入硫酸钡、钛白粉等非补强性填料时，会降低混炼胶的强度，对包辊性不利。胶料中加入滑石粉，会使脱辊倾向加剧。

尽可能不用或少用润滑性软化增塑剂如硬脂酸、硬脂酸盐、蜡类、石油系软化剂、油膏。这类软化剂容易使胶料脱辊。可选用黏性的软化剂如高芳烃操作油、松焦油、古马隆树脂等。

硫化体系和化学防老剂对包辊性影响小。

130. 从配方上如何降低胶料收缩性?

低收缩性胶料有利于改善胶料在压出、压延及注射过程中胶料产生的压出膨胀、压延效应等。

生胶分子量小橡胶收缩性小。

提高炭黑等填料的用量,也可得到收缩性小的胶料。

加入滑石粉的胶料收缩性比炭黑小。

增加增塑剂用量。

增加混炼时间或混炼段数也是一种较好降低胶料收缩性的方法。

131. 如何设计抗返原性良好胶料?

生胶尽可能选择不饱和度低的橡胶,如乙丙橡胶、丁基橡胶,天然橡胶最容易发生硫化返原。天然橡胶、顺丁橡胶、丁苯橡胶和三元乙丙橡胶在180℃×30min 下的返原率,依下列顺序递减:NR>BR>SBR>EPDM。橡胶并用如 NR/CR、NR/SBS、NR/BR 能增加天然橡胶抗硫化返原性。

硫化体系是影响橡胶硫化返原性的主要因素。对于天然橡胶的硫黄硫化体系应优先采用有效硫化体系,尽可能减少硫黄用量,或用硫载体如 DTDM(N,N'-二硫代二吗啉)代替部分硫黄。

加入抗返原剂 Si-69,可有效提高其抗硫化返原性。

异戊橡胶采用 S(0~0.5 质量份)、DTDM(0.5~1.5 质量份)、CZ 或 NOBS(1~2 质量份)、TMTD(0.5~1.5 质量份)硫化体系的配合,可保证其在 170~180℃下的返原性比较小。

丁基橡胶胶料采用 S/M/TMTD 或 S/DM/ZDC 的硫化体系时,易在 180℃下硫化返原。若采用树脂或 TMTD/DTDM 作硫化体系,则基本无返原现象。选用有效硫化体系或半有效硫化体系,可使胶料具有较好抗硫化返原性。在硫黄/次磺酰胺硫化体系中增加氧化锌用量,也可提高胶料耐热氧化和抗返原性。

丁苯橡胶、丁腈橡胶、三元乙丙橡胶等合成橡胶的硫化体系,对硫化温度不像天然橡胶那样敏感。但硫化温度超过 180℃时,会导致其硫化胶性能恶化。天然橡胶和顺丁橡胶、丁苯橡胶并用时,可减少其返原程度;硫化体系采用保持硫化剂恒定不变，增加促进剂用量的方法，也可减少其返原程度。

另外硫化温度也是形成硫化返原的重要原因，常见橡胶在高温短时间内的极限硫化温度也不同，如表 5-1 所示。

表 5-1　在连续硫化中各种橡胶的极限硫化温度

胶种	极限硫化温度/℃	胶种	极限硫化温度/℃
NR	240	CR	260
SBR	300	EPDM	300
充油 SBR	250	IIR	300
NBR	300		

工艺上降低硫化温度（天然橡胶 140℃），可明显改善胶料抗返原性。

增加炭黑用量也可以提高胶料抗返原性。

采用树脂硫化体系可以使胶料具有更好的抗返原性。

132. 如何从配方上调整胶料压延效应大小?

压延效应不仅与胶料性质有关，还与压延温度及操作工艺等有关。当胶料中使用针状或片状等具有各向异性的配合剂（如滑石粉、陶土、碳酸镁等）时，压延效应较大，且难以消除。降低含胶率、使用各向同性的球状配合剂，压延效应会变小。利用工艺条件和工艺方法调节压延效应大小也是很好的方法。工艺上凡能促使胶料应力松弛过程加快的因素均能减少压延效应。生产中提高压延温度或混炼温度，增加胶料可塑性，缩小压延机辊筒的温度差，降低压延速度和速比，将压延胶片保温或进行一定时间的停放，改变续胶方向（胶卷垂直方向供胶），压延前将胶料通过压出机补充加工等方法均可减少压延效应。

133. 从配方上如何提高配合剂分散效果?

橡胶分子量要高、分布窄。

采用加工助剂如分散剂、均匀剂。

避免不同炭黑并用。尽可能采用比表面积小、结构性高的炭黑。注意炭黑对橡胶的亲和性。常用橡胶对补强炭黑亲和性的排列是：SBR≈BR>CR≈NBR>NR>IIR。

选用高分散性填料（高分散白炭黑）。

对于丁苯橡胶、丁二烯橡胶，选用芳烃油更有利于炭黑分散。

工艺上采用相混炼法、合理的加料顺序（先加炭黑再加油，避免油和炭黑同时加入）、隔夜停放法（混炼后胶料放置一夜，再重新返炼）、配合剂母胶混炼法、分段混炼法等都可提高分散效果。

134. 如何提高胶料格林强度?

选用分子量高、分布窄的橡胶和结晶橡胶，如天然橡胶、氯丁橡胶。橡胶并用如聚降冰片烯加入 NR、SBR、BR、CR、NBR，反式聚辛烯少量加入 NR、SBR、BR、CR、NBR、EPDM 中都能较好地提高橡胶格林强度。对生胶进行化学处理（IIR、SBR、IR）、电子束辐照乙烯醋酸乙烯橡胶（EVM）、BIIR 也能提高格林强度。

选用细粒子高结构炭黑，但对粗粒子高结构炭黑，当用量达到一定量时胶料也有较高格林强度。

135. 在配方设计方面，如何降低胶料的压出膨胀率?

选择分子链的柔顺性好、分子间作用力小、分子量小、分子量分布窄、支化度小的生胶，并控制含胶率在一定范围内。

分子链柔顺性大而分子间的作用力小的橡胶，其黏度小，松弛时间短，膨胀率小；反之膨胀率则大。例如天然橡胶的膨胀率小于丁苯橡胶、氯丁橡胶、丁腈橡胶。这是因为丁苯橡胶有庞大侧基，空间位阻大，分子链柔顺性差，松弛时间较长；氯丁橡胶、丁腈橡胶的分子间作用力大，分子链段的内旋转较困难，松弛时间比天然橡胶长，所以其膨胀率比天然橡胶大，压出的半成品表面比天然橡胶粗糙。

分子量大则黏度大，流动性差，流动过程中产生的弹性形变所需要的松弛时间也长，故压出膨胀率大；反之，分子量小，压出膨胀率则小。

有时分子量分布对膨胀率的影响比分子量大小的影响还大。随着分子量分布变宽，膨胀率增大。

支化度高，特别是长支链的支化度高时，易发生分子链缠结，从而增加了分子间的作用力，使松弛时间延长，膨胀率增大。

生胶含量大，则弹性形变大，压出膨胀率也大。一般含胶率在 95% 以上时，很难压出；而含胶率在 25% 以下的胶料，如不选择适当的软化剂品种和用量，也不易压出。所以压出胶料的含胶率不宜过高或过低，以在 30%～50% 时较为适宜。

胶料中加入填充剂，可降低含胶率，减少胶料的弹性形变，从而使压出膨胀率降低。一般说来，随炭黑用量增加，压出膨胀率减小。

炭黑性质影响压出膨胀率，其中以炭黑的结构性影响最为显著。结构度高的炭黑，其聚集体的空隙率高，形成的吸留橡胶多，减少了体系中自由橡胶的体积分数，所以结构度高，膨胀率小。在结构度相同的情况下，粒径小、活性大的炭黑比活性小的炭黑影响大。

增加炭黑的用量和结构度，均可明显地降低压出膨胀率。实际上炭黑的结构度和用量对压出膨胀率来说，存在一个等效关系，即低结构-多用量的膨胀率降低程度，与高结构-少用量的膨胀率降低程度是等效的。

高结构或活性炭黑的用量过多时，会给压出带来困难。在这种情况下，炭黑的粒径对于低结构炭黑比较重要。压出胶料中填充剂的用量应不低于一定的数量，例如丁基橡胶胶料的炭黑用量应不少于 40 质量份，或无机填料的用量不应少于 60 质量份。

炭黑对压出膨胀率的影响还和橡胶品种有关。天然橡胶中填充 50 质量份、100 质量份炭黑时，膨胀率分别降低 1/2 和 9/10，丁苯橡胶中则分别降低 1/3 和 3/4。

胶料中加入适量的软化剂，可降低胶料的压出膨胀率，使压出半成品规格精确。软化剂用量过大或添加黏性较大的软化剂时，有降低压出速度的倾向。对于那些需要和其他材料黏合的压出半成品，要尽量避免使用易喷出的软化剂。

136. 从配方设计上如何提高胶料的自黏性？

采用分子量较低、门尼黏度较低的生胶。

并用可改善胶料的自黏性，如 NR/EPDM、固体 NBR/液体 NBR。

增黏性增塑剂，如松香、酚类增黏剂。

容易引起喷霜的配合剂少用或不用。

尽量选用粒径大、结构性低的填料。

避免油的用量过多。

采用分段混炼、延长混炼时间都能有效提高胶料的自黏性。

137. 当橡胶与金属黏合时如何设计胶料的配方？

橡胶的类型对黏合性能有一定的影响，一般来说，极性橡胶的黏合性能较好，极性越大，黏合指数越高，若以丁基橡胶的黏合指数为 1，丁苯橡胶则为 3，天然橡胶为 4，氯丁橡胶为 8，丁腈橡胶则为 10。分子量较低、门尼黏度较低的橡胶黏合性较高。

硫化时钢丝表面钢层通过硫黄和橡胶发生化学反应，在表面生成金属铜硫化物薄膜，硫黄与橡胶烃的交联反应必须同硫黄与铜层的反应速度取得平衡，如果黏合配方使用树脂类黏合促进剂，则还必须同树脂化反应取得平衡，三个反应平衡方能获得最佳黏合效果。在硫化过程中，反应速率与使用温度和硫黄用量等因素有关。

采用天然橡胶胶料时，黏合力随硫黄用量的增加而增加，在用量超过 8 质量份时，黏合力趋于稳定，一般选用 3～4 质量份为宜，也有用高于 4 质量份的。为了解决较高硫黄用量导致的胶料半成品喷霜、抗硫化返原性差问题，可使用不溶性硫黄。但在氯丁橡胶与钢丝黏合的胶料中，要尽量减少硫黄用量，一般为 0.5 质量份。

对于金属黏合胶料要求具有一定的焦烧时间，为了使诱导期长，平坦范围宽，起硫后又能很快达到正硫化点，一般认为次磺酰胺类促进剂比较理想。

过多 SA 会降低胶料湿度使其老化后黏合,特别是对环烷酸钴用量较多的情况。同时过多 SA 会对黄铜产生腐蚀，对黏合有负面影响。通常在黄铜表面形成的氧化锌会被 SA 溶解，为了避免这种情况，应使 SA 在硫化中快速消耗掉，因此选用的氧化锌应该是高活性，以便与 SA 能够快速反应。此外氧化锌/SA 应高些。

对过氧化物硫化体系，使用助交联剂可改善胶料黏合性。提高甲基丙烯酸锌用量，可以改善镀铝、锌、铜钢丝与胶料黏合力。

补强填充体系对黏合有一定的影响，加入补强材料的填充量，以硫化胶硬度在 50～70（邵氏）之间为宜。炭黑表面的活性基团越多，在天然橡胶中的黏合性能越好。如碱性炭黑中的—OH 与橡胶中的—CH$_3$ 能生成化合键，对黏合有利。炭黑粒度越细，比表面积越大，黏合性能越好，但与炭黑的结构关系较小。当然同时要考虑生热问题。由于炭黑的 pH 值对硫化速度有一定的影响，采用酸性炭黑有利于改进黏合性能。一般认为碘吸附值在 40mg/g 以上的炭黑，如中超耐磨炉黑、高耐磨炉黑、快压出炉黑等，均宜用于金属黏合胶料中，其中 N326 是常用的品种。

可用白炭黑替代部分炭黑，这是由于白炭黑能促进界面生成氧化锌，进而提高初始黏合力和老化后的黏合性能。

油的用量适当，不但能改善工艺性能，降低成本，而且有利于橡胶渗透到钢丝之中，提高黏合力，改善附胶。以增黏性的软化增塑剂为好。少用或不用如石蜡、硬脂酸类润滑性配合剂。

增黏剂（黏合剂）（如树脂类、间甲白类、金属盐类）可提高黏合效果。

138. 要提高橡胶与钢丝的粘接强度，应如何选择黏合促进剂？

钢丝与橡胶黏合的真正胶黏剂是钢丝表面的黄铜镀层，但是在胶料中加入黏合促进剂可以提高黏合水平，特别是可以提高老化后的黏合保持率。目前国际上所用黏合促进剂大体分为三种类型：一为树脂类黏合体系；二为钴盐类黏合体系；三为树脂与钴盐并用黏合体系。

酚醛树脂黏合体系，也就是常说的"间甲白"黏合体系，通常是指两个组分的配合，一个是甲醛或亚甲基给予体，如六亚甲基四胺（简称甲）；另一个是接受体，如间苯二酚（简称间）。这种双组分的配合，使硫化过程中除了硫化剂的交联反应之外，还有这种给予体与接受体之间的树脂化反应。一般认为，如果这两个反应协同配合，就可以获得橡胶与镀黄铜钢丝的良好黏合性能。

钴盐用作橡胶与镀黄铜钢丝的黏合促进剂，能增加胶料的塑性并适当提高焦烧安全性，使钢丝表面有很多的附胶，同时含钴盐的胶料对钢丝表面的黄铜镀层的适应性也大，因而可明显改善橡胶与钢丝的黏合性能。其主要品种有油酸钴、硬脂酸钴、松香酸钴和环烷酸钴等。

钴盐和树脂并用的黏合体系胶料在动态和热应力下，对钢丝帘线具有较高的黏合力。这种胶料既不变软又不变脆，在长期使用效应上显示出最大的一致性。从而大大提高钢丝子午线轮胎的使用性能。

139. 如何设计具有较高自黏性的胶料配方？

自黏性胶料可选择极性适当、不饱和、不结晶的橡胶。极性橡胶分子间的吸引能量密度（内聚力）大，分子难于扩散，分子链段的运动和生成空隙都比较困难，若使其扩散需要更多的能量。在丁腈橡胶胶料自黏试验中发现，随氰基含量增加，其扩散活化能也增加。但丁腈橡胶的丙烯脂含量增大，使接触面上的极性基数增多，界面处分子间总作用力增强，自黏性大大提高。

含有双键的不饱和橡胶比饱和橡胶更容易扩散。这是因为双键的作用使分子链柔顺性好，链节易于运动，有利于扩散进行。如将不饱和聚合物氢化使之接近饱和，则其扩散系数只有不饱和高聚物的47%～61%。

两种乙丙橡胶的自黏性试验表明，结晶性好的乙丙橡胶缺乏自黏性，而无定形无规共聚的乙丙橡胶却显示出良好的自黏性。这是因为在结晶性的乙丙橡胶中，在接触表面存在结晶区，有大量的链段位于该结晶区内，失去活动性，链段的扩散难以进行。

填料对胶料补强性好的，自黏性也好。炭黑可以提高胶料的自黏性。在天然橡胶和顺丁橡胶胶料中，随炭黑用量增加，胶料的自黏强度提高，并出现最大值。填充高耐磨炭黑的天然橡胶胶料，随炭黑用量增加，自黏强度迅速提高，在80质量份时自黏强度最大；顺丁橡胶胶料在高耐磨炭黑用量为60质量份时，自黏强度最高。当炭黑用量超过一定限度时，橡胶分子链的接触面积太少，造成自黏强度下降。天然橡胶比顺丁橡胶的自黏强度高，这是因为天然橡胶的生胶强度和结合橡胶数量都比顺丁橡胶高。而有的品种填料（如滑石粉）对自黏性总是起负面作用。

软化增塑剂虽然能降低胶料黏度，有利于橡胶分子扩散，但它对胶料有稀释作用，使胶料强度降低，结果使胶料的自黏强度下降。

有些常用润滑性软化增塑剂，如石蜡、硬脂酸，由于易喷出表面，妨碍界面接触，故不利于自黏。

140. 选用增黏剂应注意什么？

使用增黏剂可以有效地提高胶料的自黏性。常用增黏剂有松香、芳烃油、松焦油、浮油、萜烯树脂、古马隆树脂、石油树脂和烷基酚醛树脂等，其中以烷基酚醛树脂的增黏效果最好。

虽然增黏剂改善胶料自黏性的效果不如化学改性，但工艺上操作方便，副作用小，改善自黏性的效果也较明显，因此添加增黏剂是改善胶料自黏性的主要手段。增黏剂的品种繁多，分为天然和合成两大类，其中包括间甲白体系［黏合剂六甲氧基甲基蜜胺（A）、间苯二酚与六亚甲基四胺络合物（RH）、间苯二酚乙醛缩聚物（RE）等］、松香树脂、浮油、石油树脂、苯乙烯-茚树脂、古马隆树脂、非热反应型烷基苯酚-甲醛树脂和改性烷基酚醛树脂等。在各类增黏剂中，合成类的增黏性比天然类高，在合成增黏剂中，非热反应型烷基苯酚-甲醛树脂的初始黏性是石油树脂类增黏剂的2～3倍，而烷基苯酚-乙炔树脂和改性烷基酚醛树脂都属于长效、耐湿、高增黏的超级增黏剂。但是，酚醛树脂类的增黏剂需要与胶料具有一定的相容性，在胶料中的分散性好，才具有好的增黏作用。

用作增黏剂的烷基酚醛树脂在化学结构上有三个特点：一是烷基处于酚羟基的对位，而树脂分子用对位烷基封端，这就决定了这种烷基酚醛树脂具有非热反应性质，即在硫化温度下不会发生化学反应；二是烷基上存在叔碳原子，使烷基成支化结构，而且叔碳越多，支化度越高，树脂与橡胶的相容性也就越好；三是树脂中存在酚羟基强极性结构，具有形成氢键的能力。在混炼过程中，温度升高到树脂的软化点温度，树脂的内缩聚结构被破坏而熔化，塑化了的橡胶作为一个流动载体,将增黏剂树脂分子均匀分布于胶料并带至表面,当两个这样的胶片产生接触,通过酚羟基的极性力在胶料界面部位形成一个氢键网络结构,使两个胶片粘贴成一体。

141. 如何设计不喷霜胶料配方?

在不影响橡胶制品使用性能的前提下,选用或并用溶解度大的生胶,以及选用与配合剂溶解度参数相近的生胶。同一配合剂在不同的生胶中有着不同的溶解度,不同的生胶溶解度参数也不同。为此在橡胶性能满足使用要求的情况下,可以通过选用或并用溶解度大的生胶(一般配合剂在合成橡胶中溶解度大于天然橡胶),选用与配合剂溶解度参数相近的生胶,选用或并用所需性能较好的生胶,减少配合剂的用量等措施来避免配合剂的喷霜。

配合剂的用量必须限制在橡胶储存和使用时所允许的最大用量以下,选用溶解度参数与生胶相似的配合剂,或者采用几种配合剂并用。

采用不溶性硫黄。

三元乙丙橡胶不喷霜硫化体系经典配合有"通用型"S 2.0,二硫化苯并噻唑(MBTS)1.5,ZBDC 2.5,TMTD 0.8;"3 个 0.8 型"S 2.0,MBTS 1.5,TETD 0.8,四硫化双戊亚基秋兰姆(DPTT)0.8,TDTM 0.8。

过氧化物硫化剂尽可能使用 TBEC(叔丁基过氧化碳酸-2-乙基己酯),少用或不用 DCP、BBPIB。

在高乙烯三元乙丙橡胶中如果石蜡油用量较大,容易喷霜,可选用混合油,或选用低乙烯三元乙丙橡胶。

可添加能提高配合剂在胶料中溶解度的增黏剂,如油膏、萜烯树脂、古马隆树脂、再生胶等。

142. 注射胶料配方设计有什么要求?

注射工艺分为螺杆加热塑化、高压注射、热压模型硫化三个阶段,其特点是把半成品成型和硫化合为一体,减少了工序,提高了机械自动化程度,成型硫化周期短,生产效率高。胶料温度均一,质地致密,提高了产品质量,产品合格率高,实现了高温快速硫化。

胶料在高温高压下,通过喷嘴、流胶道并快速充满模腔。因此对胶料要求如下。

① 流动性好。必须具有良好的流动性。

② 胶料有足够的焦烧时间。胶料在注射机的塑化室、注胶口、流胶道中的

切变速率较高，摩擦生热温度较高，加工硫化温度较高，因此胶料从进入加料口开始，经机筒、喷嘴、流胶道到充满模腔、开始交联之前的这段时间内，必须确保胶料不能焦烧，即要求胶料有足够的焦烧时间。

③ 快速硫化。胶料进入模腔后，应快速硫化，即一旦开始交联，很快就达到正硫化。

硫化曲线如图 5-1 所示，注射胶料硫化曲线的热硫化阶段曲线斜率应尽可能小，$T_{90}-T_{10}\rightarrow 0$；起始黏度（常用 ML 表示）保持一定较低值以保证注射能力；硫化诱导期（T_{10}）应足够长，如机筒的温度为 90～120℃，则胶料的门尼焦烧时间必须比胶料在机筒中的停留时间长两倍以上。胶料一般在 120℃下门尼焦烧时间控制为 10～25min，单模工业制品为 10 min 左右，多模制品如胶鞋为 25～30 min。

④ 抗返原性好。

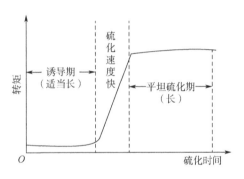

图 5-1　注射胶料硫化特性

143. 设计注射胶料配方要注意什么？

一般常用的橡胶（如天然橡胶、丁苯橡胶、顺丁橡胶、异戊橡胶、三元乙丙橡胶、丁基橡胶、氯丁橡胶、丁腈橡胶、氯磺化聚乙烯橡胶、丙烯酸酯橡胶、聚氨酯橡胶、硅橡胶）都可以用于注射硫化。

橡胶的门尼黏度对胶料的注射性能影响很大。橡胶的黏度低，胶料的流动性好，易充满模腔，可缩短注射时间，外观质量好。但门尼黏度低时，塑化和注射过程中的生热小，因而硫化时间较长。相反，门尼黏度高的胶料，注射时间长，生热大，对高温快速硫化有利，但黏度过高很容易引起焦烧。一般门尼黏度在 65［ML（1+4）100℃］以下较好。选择橡胶应特别注意。

有时可用两种不同黏度的胶料并用来调节黏度，如 FPM 2601 门尼黏度很高（90），很难注射，并用 20 质量份 FPM 2605（门尼黏度 40）可制得用于注射的胶料，强伸性能影响不大，基本上不会影响其耐油和耐热性，氟橡胶 FPM 2605 在 FPM 2601 中作为一种低黏度的橡胶增塑剂起到了一定的增塑作用。

硫化体系要调节好胶料的焦烧性、硫化速度和抗高温硫化返原性。有效硫化体系（EV）对注射硫化较为适宜，因为有效硫化体系（EV）在高硫化温度下抗返原性优于传统硫化体系（CV）和半有效硫化体系（SEV）。

硫黄给予体二硫代二吗啉（DTDM）1～2 质量份（但使用时应注意 DTDM 的毒性）和次磺酰胺类促进剂（如 CZ、NOBS、NS）1～2 质量份并用以及少量 TMTD，可以组成"多能"无硫硫化体系，这种硫化体系能使加工和硫化特性完全适合于各种注射条件而不降低硫化胶的物理性能。例如在天然橡胶与顺丁橡胶并用的胶料中，用传统硫化体系（S/NOBS=2/0.75），在较高的硫化温度（170℃）下，会降低硫黄的效率，说明在发生交联键缩短反应的同时，主链改性程度也随之增大，交联键的分布也随硫化温度提高而改变。但是在同样的硫化条件下，使用无硫硫化体系 [DTDM，1.0；TMTD，1.0；2-(4-吗啉基硫代)苯并噻次磺酰胺（MOR），1.0] 时，交联键分布的变化比使用传统硫化体系时小得多。用有效硫化体系时，交联密度也会因较高的硫化温度而降低，所以采用无硫硫化体系比有效硫化体系更为有利。

在 IR/SBR 并用有效硫化体系中采用促进剂 CZ/DM 的并用胶的硫化曲线平坦性优于促进剂 CZ/TMTD 的并用胶，且硫化速率较高。这是因为噻唑类促进剂 DM 具有硫化平坦期长、硫化返原性小的特点，而秋兰姆类促进剂 TMTD 具有硫化起步快，硫化曲线平坦区狭窄，易过硫或欠硫的特点。注射胶料硫化体系要有足够量的氧化锌和硬脂酸。另外在配方中加入防焦剂如 0.1～0.3 质量份 CTP 可防止焦烧，加入抗返原剂可减轻硫化返原现象。

填充剂对胶料的生热性、黏度、流动性、焦烧和硫化速率影响较大。其粒径越小，结构性越高；填充量越大，则胶料的流动性越差、生热大、易焦烧。例如超耐磨炭黑、中超耐磨炭黑、高耐磨炭黑粒径小，流动性差，快压出炭黑的结构性较高，其流动性也较差。而半补强炭黑和中粒子热裂炭黑粒径较大，胶料的流动性较好。粒径小、结构性高的白炭黑则会显著降低胶料的流动性。对无机填料而言，陶土、碳酸钙等惰性填料对胶料的流动性影响不大，但补强性不好。

对于温升较小的胶种如硅橡胶、异戊橡胶，可用增加填料用量的方法来提高胶料通过喷嘴时的温升，以保证较高的硫化温度。相反，有些胶种本身生热大（如丁苯橡胶，丁腈橡胶），通过喷嘴时温升较大，因此必须充分估计到填充剂加入后的生热因素，以免引起胶料焦烧。在各种填料中，陶土的生热量最小，半补强炭黑和碳酸钙的生热量也较小，超耐磨炭黑、中超耐磨炭黑、高耐磨炭黑的生热量比半补强炭黑高得多。

软化剂要考虑对胶料流动性、生热性的影响和自身挥发性及分解温度。软化增塑剂可以显著提高胶料的流动性，缩短注射时间，但因生热量降低，相应降低了注射温度，从而延长了硫化时间。由于硫化温度较高，应避免软化增塑剂挥发，宜选用分解温度较高的软化增塑剂，如石蜡、油膏等。含有 10 质量份硫化油膏的丁苯橡胶、丁腈橡胶和氯丁橡胶胶料，用往复螺杆注射机注射，比不加油膏的注射周期缩短 40%。

防老剂要考虑耐热性。采用有效硫化体系，部分作用与防老剂相似，可改善耐老化性能。为提高耐热性、降低返原性，注射胶料中应选用适当的防老剂。在注射中，模型边的薄胶，特别是白色胶料或防护性差的胶料，由于混入空气，在高温下容易发黏，解决办法是加入耐热防老剂如 RD 或 246 等，并在胶料硫化体系中配入 1 质量份 TMTD，再加 1 质量份 N-环己基-N'-苯基对苯二胺防老剂（4010）。

144. 过氧化物硫化三元乙丙橡胶配方要注意什么？

由于三元乙丙橡胶一般用的过氧化物的分解温度较高，因此过氧化物硫化三元乙丙橡胶一般不存在焦烧的危险。

胶料的门尼黏度［ML（1+4）100℃］不要高于 65 比较好，但也要具体考虑乙烯含量、含胶率等。

胶料的生热性要考虑填料的粒径、结构性和用量，粒径小、结构性高（吸油值大）、用量大，则胶料生热大。

第6章

硫化体系设计

145. 如何设计天然橡胶硫化体系？

天然橡胶适用的硫化剂有硫、硒、碲；硫黄给予体；有机过氧化物；酯类；醌类等。使用硫化剂时应根据制品的不同性能要求分别采用不同类型的硫化体系。硫黄硫化体系按促进剂的用量与硫黄用量的比例变化可以组成三种不同特点的硫化体系：普通硫黄硫化体系、半有效硫黄硫化体系、有效硫黄硫化体系。

普通硫黄硫化体系（常规硫化体系又称高硫低促体系）是采用高量的硫黄和低量的促进剂配合的硫化体系，其交联键以多硫键为主，老化前胶料的通用力学性能较好，表现为强度高、弹性好、耐磨性高，其成本低，但耐热性、耐老化性差，硫化时返原性大。由于天然橡胶不饱和度大，其硫黄用量可比合成橡胶多，在软质橡胶制品中硫黄用量大约 2～3 质量份，最常用 1.75～2.75 质量份。促进剂用量在 1 质量份以下，硫黄用量在 2.5 质量份以上时，力学性能如拉伸强度、伸长率变化不大，而永久变形、硬度和定伸应力增加。

有效硫黄硫化体系有两种配合形式。一是高促低硫配合：促进剂用量在 2～3 质量份之间，硫黄用量在 0.1～0.5 质量份之间。二是无硫配合：用给硫体（如 TMTD 用量 1～3 质量份或 DTDM 用量 1～4 质量份）进行硫化。这种体系生成的交联键以单硫键为主，硫化胶耐热老化性能优良，过硫后不出现硫化返原现象，但单用 TMTD 硫化，操作不安全，易焦烧，且喷霜严重。当要求在高温硫化条件下不发生硫化返原现象以及具有良好的耐高温、耐老化性能时，宜采用有效硫黄硫化体系。

半有效硫黄硫化体系介于普通硫黄硫化体系和有效硫黄硫化体系之间。半有效硫黄硫化体系由中等用量硫黄（1～1.7质量份）和促进剂组成。交联键中既有多硫键也有单硫键。其硫化胶兼有耐热、耐疲劳和抗硫化返原等多种综合功能，因此获得广泛应用。

天然橡胶常用的有机促进剂有 M、DM、TMTD、CZ、NOBS 等。它们可以单用或并用。

硫黄用量对天然橡胶硫化胶性能的影响见表 6-1。

表 6-1　硫黄用量对天然橡胶硫化胶性能的影响

硫黄/质量份	1.0	1.5	2.0	2.5	3.0	3.5	4.0
促进剂 DM/质量份	0.5	0.5	0.5	0.5	0.5	0.5	0.5
促进剂 M/质量份	0.5	0.5	0.5	0.5	0.5	0.5	0.5
300%定伸应力/MPa	64	73	80	91	100	115	128
拉伸强度/MPa	26.0	28.3	29.6	31.5	31.1	31.1	31.6
扯断伸长率/%	670	672	660	660	670	670	660
永久变形/%	23	29	31	34	42	42	46
硬度（邵氏 A）	57	60	63	64	68	68	69

酯类硫化体系是指氨基甲酸酯交联体系，它由二异氰酸酯（TDI、MDI）和对亚硝基苯酚的加成物（对醌单肟氨基甲酸酯）组成，能给予天然橡胶良好的抗硫化返原性、耐热性和耐老化性能。可改善天然橡胶与帘线、织物、钢丝和其他材料的黏合性能。

马来酰亚胺硫化体系属于高温硫化体系，硫化胶的抗硫化返原性和热稳定性好，并且压缩永久变形小，与玻璃纤维的黏合性好。可作为硫化剂的马来酰亚胺主要有 N,N'-间苯亚基双马来酰亚胺、4,4'-亚甲基双马来酰亚胺、2,6-二叔丁基-4-（马来酰亚胺甲基）苯酚以及 4,4'-二硫代双苯基马来酰亚胺等。其中以 4,4'-二硫代双苯基马来酰亚胺和 N,N'-间苯亚基双马来酰亚胺效果最好。

天然橡胶可以用有机过氧化物硫化。最常用的有机过氧化物为过氧化二异丙苯（DCP）。DCP 用量为 2～8 质量份，硫化胶形成的交联键为碳碳键。硫化胶具有良好的热稳定佳和优异的耐高温老化性能，蠕变小，压缩永久变形小，动态性能好，抗硫化返原性好。缺点是胶料硫化速度慢，易焦烧，硫化胶撕裂强度低，与抗臭氧剂不相容，硫化模型易积垢。

三嗪硫化剂硫化的天然橡胶具有独特的效果，适用于含炭黑等补强填料的胶料，硫化速度快，交联效率高，硫化胶抗动态疲劳性能好。该类品种有聚（2-

二乙氨基双-4,6-二巯基三嗪）、聚（2-六亚甲基双-4,6-二巯基三嗪）和聚 （2-N-甲基环己基氨基双-4,6-二巯基三嗪）。

天然橡胶硫黄硫化体系通常要配用氧化锌、硬脂酸等活性剂。

146. 如何设计丁苯橡胶硫化体系？

适用丁苯橡胶的硫化剂有硫黄、硫黄给予体、有机过氧化物等。硫黄是丁苯橡胶的主要硫化剂。丁苯橡胶的不饱和度低于天然橡胶，因而硫黄用量应低于天然橡胶，一般为 1.5～2.0 质量份。超过 2 质量份时，硫化胶拉伸强度、定伸应力、耐磨性有些许提高，但撕裂强度、伸长率差，硬度变大，弹性下降，耐热、耐老化、耐屈挠性差。乳聚丁苯橡胶中含有残存的脂肪酸、皂类等，其硫化速度比天然橡胶慢。室温下，硫黄在丁苯橡胶中的溶解度比天然橡胶小，高温时则相反。因此，除在配方上提高促进剂的用量外，亦可提高硫化温度以进一步加速其硫化。有效硫黄硫化体系能改善丁苯橡胶的耐热老化性能和抗压缩永久变形性能等，但这种配合体系的成本较高。用过氧化物硫化的丁苯橡胶可以获得耐热性、耐老化性，但由于这类硫化剂的价格较高，一般不使用。

促进剂大体与天然橡胶相同，但因丁苯橡胶硫化速度慢，焦烧时间长，故促进剂用量应较大。实践表明，丁苯橡胶最适宜的促进剂是后效性的次磺酰胺类，如促进剂 NOBS（MBS）、CZ（CBS）等。在大量填充高耐磨炭黑的情况下，如硫黄用量为 1.75～2 质量份，促进剂 CZ 的用量可为 0.3～1.2 质量份，软质丁苯橡胶可再多一些。丁苯橡胶经常采用的促进剂有 DM、M、CZ、NOBS 等。副促进剂有 D、TMTD 或二硫代氨基甲酸盐，并用体系以 DM/TMTD、M/TMTD 较好，前者用量为 1.35 质量份/0.45 质量份，后者用量 1.2 质量份/0.5 质量份，其次是 CZ/TMTD，用量（0.6～1.2）质量份/（0.3～0.5）质量份。不同促进剂并用胶料性能对比如表 6-2 所示。

活性剂氧化锌用量 3～5 质量份，硬脂酸用量 1.5～2.5 质量份，S 用量 1.0～2.5 质量份。

表 6-2　不同促进剂并用胶料性能对比

促进剂	用量/质量份	硫黄/质量份	焦烧	硫化速度	拉伸强度	定伸应力
DM/DPG（H）	(1.25～1.5)/(0.5～1.0)	1.5～2.0	良	优	非常好	非常好
DM/TT（PZ）	(1.25～1.5)/(0.2～0.5)	1.5～2.0	良	优	优	优
DM/DPG/TT	(1.0～1.2)/(0.5～0.8)/(0.1～0.2)	1.5～2.0	差	优	优	优

续表

促进剂	用量/质量份	硫黄/质量份	焦烧	硫化速度	拉伸强度	定伸应力
DM/TT	(0.2～0.5)/(0.2～0.5)	1.5～2.0	良	优	优	优
CZ、NS、NOBS	0.75～1.5	1.5～2.0	非常好	良	优	非常好
CZ、NS、NOBS/DPG、H	(0.6～1.2)/(0.3～0.5)	1.5～2.0	优	良	非常好	非常好
CZ、NS、NOBS/TT、PZ	(0.6～1.2)/(0.3～0.5)	1.5～2.0	优	良	优	优
M/H	(1.25～1.5)/(0.5～0.75)	1.5～2.0	差	非常好	良	良
M/TS	(1.25～1.5)/(0.1～0.3)	1.5～2.0	差	非常好	良	良

147. 如何设计丁二烯橡胶硫化体系?

顺丁橡胶一般以硫黄作为硫化剂,由于在顺丁橡胶中双键活性较天然橡胶低,因此所需硫黄用量也较低,一般为0.3～1.5质量份。在纯的顺丁橡胶配方中,为提高硫化速度可多加些促进剂,一般以半有效硫黄硫化体系为宜。常用促进剂有M、DM、CZ、NOBS等,可根据具体情况单用或并用。也可采用无硫黄的硫化体系(主要为过氧化物硫化体系和硫黄给予体硫化体系)。天然橡胶与顺丁橡胶并用体系中,若其并用量为50质量份,采用硫黄作硫化剂时,硫黄用量可为0.3～1.5质量份,同时需加促进剂,以达到足够的硫化速度。最适宜的促进剂为次磺酰胺类,如CZ(CBS)、NOBS(MBS)。这些促进剂对硫化胶的力学性能的影响大致相似。促进剂用量随硫黄用量减少而增加。如果希望硫化速度更快,这些次磺酰胺类促进剂可用0.1～0.3质量份二苯胍(D)、二硫化四甲基秋兰姆(TT)等来活化。顺丁橡胶还可采用硫黄与硫黄给予体(如二硫代二吗啉、秋兰姆类等)相结合或低硫高促的半有效硫黄硫化体系,这一体系既可保证较好的力学性能,也可得到较好的耐老化性能。

采用无硫硫化体系进行硫化时,可用过氧化二异丙苯(DCP)或秋兰姆类作硫化剂。前者硫化速度很慢,老化后硫化胶的拉伸强度下降很多,因此这种体系一般较少应用。后者的硫化速度可达硫黄-促进剂体系的水平,且老化后性能保持较好。

148. 如何设计氯丁橡胶硫化体系?

氯丁橡胶和其他二烯系橡胶不同;其不用硫黄作为硫化剂,而是用金属氧化物作硫化剂。硫黄调节型氯丁橡胶最常用的是氧化镁和氧化锌体系，其经典配比是 4 质量份氧化镁、5 质量份氧化锌，这种配比可使加工安全性和硫化速度取得平衡，并且硫化平坦，耐热性也好。当要求胶料具有耐腐蚀性时，可使用铅的氧化物（常采用 Pb_3O_4 即红丹），用量为 10～20 质量份，但铅的氧化物属于有害物质。

氧化镁在混炼时先加入可起稳定剂作用，可防止加工中产生焦烧，并改进胶料的贮存稳定性；而且在塑炼时，还具有塑化橡胶的作用。混炼开始时加入氧化镁，可防止氯丁橡胶早期交联和环化，并能增加操作安全性。在硫化时，又变为硫化剂，起氯化氢（硫化时产生）接受体的作用，提高胶料定伸应力，防止氯化氢对纤维织物的浸蚀。氧化镁能增加硫化胶的定伸应力，提高耐热耐老化性，但导致伸长率降低。氧化镁的质量对氯丁橡胶加工和硫化都有较大影响。氧化镁用量提高到 10 质量份左右，能使未硫化胶有较高的塑性和比较好的贮存稳定性，但会降低硫化速度。

氯丁橡胶对氧化镁的要求如下：

① 纯度高，氧化钙等杂质含量少。

② 轻质，粒度细。

③ 反应活性高。

氧化镁的反应活性常用碘值表示。1g 氧化镁所吸附碘的质量（mg）除以 1.27 所得的值即为碘值。碘值高者活性大，高活性氧化镁的碘值为 100～140，中活性氧化镁的碘值为 40～60，低活性氧化镁的碘值在 25 以下。

硫黄调节型氯丁橡胶因其加工安全性差（易焦烧），不宜采用中等活性以下的氧化镁。含高活性氧化镁的胶料，在 30℃下放置两周后，仍具有很好的加工安全性，比含中等活性氧化镁刚混炼完的胶料焦烧时间还长。含中等活性氧化镁的胶料，在 38℃下停放一周后，尚可以加工，而含低活性氧化镁的胶料在刚混炼完时，胶料的焦烧时间却只有 10min 左右，因此停放两周后便不能加工，高活性氧化镁具有较高的反应性，其对二氧化碳（CO_2）的吸附量比低活性氧化镁大，活性下降也大，而且对胶料的物理性能也有较大影响。因此，必须注意将氧化镁密封保存。

氧化锌主要作硫化剂，它可使硫化平坦，加快初期硫化，提高硫化胶的耐热、耐老化性能。增加氧化锌用量，虽然可提高耐热性，但胶料易焦烧，且降低贮存稳定性。大量使用氧化锌还可能使胶料变硬，失去可塑性。氧化锌应在混炼时最后加入。单用氧化锌时，一般硫化起步比较快，胶料易焦烧，硫化胶的力学性能差。氧化镁和氧化锌同时使用时，交联效果比单独使用时强。提高氧化锌的用量会降低胶料的贮存稳定性，但可增加硫化速度，还能给予硫化胶特高的硫化程度和很好的耐高温性，所以有时把氧化锌的用量提高到 15 质量份，但硫化胶特别不耐酸。

其他金属氧化物如氧化汞、氧化钡、氧化钙、氧化铁、二氧化钛等，对氯丁橡胶都有硫化作用，后两种氧化物因有着色能力，一般用于需着色的氯丁胶料。

硫黄调节型氯丁橡胶仅使用氧化镁和氧化锌已能很快硫化。但实际上为了进一步缩短硫化时间，改进压缩永久变形及回弹性，一般还可使用促进剂 ETU。其缺点是加工不够安全，易焦烧。另外其熔点较高，不易在胶料中分散。

当考虑了促进剂的作用后，仍存在焦烧危险时，则需要使用防焦剂。在硫黄调节型氯丁橡胶中，若使用 0.5～1.0 质量份乙酸钠，在加工温度下可延迟焦烧时间，在硫化温度高于 140℃的条件下，则起硫化促进剂的作用。但乙酸钠的防焦烧作用仅限于氧化镁、氧化锌硫化体系胶料，对氧化铅、四氧化三铅及配有促进剂 ETU 的胶料则没有作用。在硫黄调节型氯丁橡胶胶料中，若使用促进剂 DM、M、TT，则不仅延迟焦烧，而且也延迟硫化，故最好不用。有时 TT 也可作防焦剂使用。

硫黄在其他橡胶中主要起硫化交联的作用，但在氯丁橡胶中的主要作用并不是硫化交联。可是经呱啶处理过的氯丁橡胶，虽然活性氯被除掉，但仍可用硫黄硫化。这说明氯丁橡胶中的不饱和键可用硫黄进行交联，若从实用角度考虑，使用硫黄后可使硫化胶硬度稍有增加，定伸应力和拉伸强度有所提高，耐低温性能得以改善，但耐热性却有所降低，特别是高温压缩永久变形性能变差。其一般用量在 0.5 质量份以下。

对于非硫黄调节型氯丁橡胶，常采用氧化镁和氧化锌作硫化剂，但必须采用促进剂以提高硫化速度和加深硫化程度。氧化锌的质量一般不影响胶料的硫化特性，所以可采用一般橡胶工业用的氧化锌。氧化镁一般采用轻质氧化镁。氧化镁的活性对非硫黄调节型氯丁胶料的影响较小，但当采用迟延型硫化体系时，也会受影响。例如当促进剂 ETU 和迟延剂 TMTD 并用时，配用高活性氧化镁的焦烧时间长。当要求高度加工安全性时，还可采用 DOTG、S 和 TMTS 三者并用，其焦烧时间达 30min 以上。

当要求耐水性时，可使用红丹代替氧化镁和氧化锌并用体系，用量 10～20 质量份，采用低活性者效果较好。但由于其相对密度大，在氯丁橡胶中分散困难，故混炼时应予以注意。应当指出，配合红丹的胶料强度、压缩永久变形及耐热性均较差，而且若使用含硫促进剂，还存在使制品变黑的缺点。

非硫黄调节型氯丁橡胶硫化时一般需要使用促进剂，通过改变促进剂的种类和用量，可使加工性和硫化性获得协调。

最常用的促进剂是 ETU，用量为 0.2～1.0 质量份，常采用 0.5 质量份。促进剂 ETU 可给予胶料良好的耐热性、非污染性，而且定伸应力和压缩永久变形也最好，但硫化速度快，易焦烧。若并用促进剂 DM 或 TT 作为防焦剂和活性剂，对提高促进剂 ETU 的加工安全性是极其有效的。若在陶土配方中并用促进剂 TT，效果良好。

当需要进行低温硫化时，最好采用促进剂 DETU、DM、DOTG 三者并用，但焦烧倾向增大。

另外，由于抗结晶性较高的氯丁橡胶品种，都有延迟硫化的倾向，因此促进剂用量应适宜增大。例如为保持大体相同的硫化速度，促进剂 ETU 的用量在 W 型氯丁橡胶中为 0.5 质量份，在 WX 型氯丁橡胶中为 0.6 质量份，在 WRT 型氯丁橡胶中则为 0.75 质量份。

在 W 型氯丁橡胶中使用红丹时，加工安全性良好，但硫化速度较慢，当并用促进剂 TMTS 和硫黄各 1 质量份时，可取得加工性和硫化特性的平衡，但该体系的硫化速度易受填充剂种类的影响。

149. 如何设计丁基橡胶硫化体系?

丁基橡胶生产上采用的硫化体系基本上分为硫黄硫化体系（包括硫黄给予体）、醌肟硫化体系和树脂硫化体系三大类。但不能用过氧化物硫化体系硫化，否则会引起丁基橡胶的裂解。一般来说，使用硫黄硫化体系可以获得加工工艺性和硫化胶性能等综合性能较佳的胶料；使用醌肟硫化体系可以获得快速、硫化密实和具有优异耐热、耐臭氧的硫化胶；使用树脂硫化体系可以获得好的耐高温性能，例如用于硫化水胎、隔膜、硫化胶囊等耐热制品。

（1）硫黄硫化体系

丁基橡胶是一种高饱和度橡胶，并因品种不同而有所差别。丁基橡胶的硫化比天然橡胶、丁苯橡胶、丁腈橡胶困难得多，所以硫化体系应选用高效促进剂，且要求高温长时间硫化。丁基橡胶采用硫黄硫化时，与高不饱和橡胶相比，达到要求的硫化状态所需要的硫黄用量较少，用量 1～2 质量份就可具有最佳的定伸应力和耐臭氧性能。同时，硫黄在丁基橡胶中的溶解度较低，如果胶料中的总硫量超过 1.5 质量份时，容易引起喷霜。

丁基橡胶常用秋兰姆和二硫代氨基甲酸盐类作第一促进剂，噻唑类或胍类作第二促进剂，同时使用氧化锌和硬脂酸作活化剂，例如以60%促进剂TMTD和40%促进剂M并用，以氧化锌作活化体系，硫化速度适中，胶料的加工性能和硫化胶的力学性能较好，也能防止高温硫化返原。这个硫化体系可用二硫代氨基甲酸盐进一步活化。

丁基橡胶常用促进体系如下：

a. 单用体系

ZDC，2.0质量份；

DM，5.0质量份。

b. 并用体系

TMTD/DM=1.5/1.5；

TMTD/D=1.5/1.5；

TMTD/ZDC=1.2/0.6。

（2）树脂硫化体系

树脂硫化的丁基橡胶，由于硫化过程中形成了稳定的—C—C—和—C—O—C—交联键，除热分解外，几乎不产生硫化返原现象，所以具有优异的耐热、耐高温性能和低的压缩变形性能，硫化胶在150℃下热老化120h，交联密度仍没有多大变化。

丁基橡胶常用的树脂硫化剂有辛基酚醛树脂（ST 137）、叔丁基酚醛树脂（SP 1045，2402）、溴化羟甲基酚醛树脂（SP 1055）、溴化羟甲基烷基酚醛树脂（SP 1056）等。

用树脂硫化的丁基橡胶性能随所用的树脂和活化剂的类型、用量以及丁基橡胶的不饱和度的不同而有相当大的差别。因此，树脂和活化剂的配比以及用量取决于丁基橡胶的不饱和度和最终产品的使用条件等因素。

树脂硫化体系与硫黄-促进剂硫化体系相比，前者的硫化速度较慢。使用烷基酚醛树脂时，只有用量高达10质量份时，才有交联反应。用量少时，甚至在160℃硫化30min还不能完全交联。因此，需用卤化物进行活化。不同类型的树脂具有不同的硫化活性。丁基橡胶对辛基酚醛树脂的溶解度比对叔丁基酚醛树脂大，由此，用前者硫化的丁基橡胶，其定伸应力较高。含戊基酚醛树脂的胶料，在较长的硫化时间内，拉伸强度一直增加，伸长率也稍有增加。含氯树脂的丁基橡胶胶料硫化速度快，硫化胶定伸应力高，拉伸强度和扯断伸长率都低，硬度较高，硫化胶老化后的硬度和回弹性都进一步增加。含氯树脂用量6质量份便足以获得最佳的硫化胶性能，并且不需要使用氯化亚锡，添加氯化亚锡甚至会产生不利的影响。用含溴树脂硫化丁基橡胶胶料可以不用活化剂，例如用 10～12 质量份溴化甲基烷基酚醛树脂的胶料，不加任何活化剂便可在 152～160℃下进行硫化，并且硫化速度快，硫化胶强度高，硬度低，变形小，热老化性能优于其他树脂硫化的胶料。硫化胶热老化后的拉伸强度、伸长率保持率、抗臭氧性能都很好。胶料的混炼、压出等工艺条件容易掌握。

丁基橡胶用树脂交联时，各种不含卤素树脂的用量从 4 质量份增加至 12 质量份，胶料的可塑性逐渐增大，硫化胶的定伸应力也随之提高。使用含卤素树脂的胶料，在树脂用量少时，定伸应力也就高，用量特别大时，300%定伸应力比不含卤素树脂的值更高，因为含卤素树脂的胶料比不含卤素树脂的胶料硫化起步快。胶料中添加含卤素树脂无助于可塑性增加，添加氯化亚锡甚至有降低可塑性的作用。一般来说，丁基橡胶添加树脂量愈多，硫化胶的 300%定伸应力、拉伸强度和硬度愈大，而伸长率愈小，回弹性变化不大。硫化胶在热老化初期还会继续进行交联，因此，定伸应力和拉伸强度还继续增大，在达到某最大值后便开始下降。采用含溴树脂的胶料，在不加氯化亚锡的情况下，用量为 8 份时便可达到最佳性能。

树脂作为丁基橡胶的硫化剂，硫化速度慢，而且要求硫化温度高。烷基酚醛树脂用量小时，尽管硫化温度高，但还不能使胶料迅速硫化，因此，还需要加入卤化物与氧化锌促进硫化。常用的含卤化合物有：氯化聚乙烯、氯丁橡胶（W）、氯磺化聚乙烯、溴化或氯化丁基橡胶等，用量一般为 5～10 质量份。常用的金属氯化物有氯化铁（$FeCl_3 \cdot 6H_2O$）、氯化锌（$ZnCl_2 \cdot 6H_2O$）、氯化亚锡（$SnCl_2 \cdot 2H_2O$）等，其中以氯化亚锡的活性最大，但硫化胶的综合力学性能较差。胶料中加入金属卤化物后不仅提高了硫化速度，而且也提高了硫化胶的交联程度。但是，使用含氯和含溴树脂的胶料不用添加金属卤化物。如果添加金属卤化物，尽管在硫化的初期会加速含卤树脂胶料的硫化，但是硫化后期便变成了多余的杂质，会使硫化胶的力学性能变差。

含氯化亚锡的胶料一般不用氧化锌，因为它会导致硫化延迟，使硫化胶的力学性能降低，耐热性能变差。

含氯丁橡胶（W）和氯磺化聚乙烯的丁基橡胶胶料，在空气老化过程中，100%定伸应力增大，硬度特别高。含氯化亚锡的胶料硬度也增高，但硫化胶的其他物理性能保持稳定。

为了达到快速硫化，特别是树脂用量低时，需要使用更多的活化剂。在活化剂用量较多时，硫化胶的压缩变形小，焦烧安全性下降。

掺用含氯化合物的丁基橡胶，交联密度增高，焦烧时间缩短，胶料的定伸应力增加（其中含氯化天然橡胶的效果较好），撕裂强度获得改善，硬度和回弹性也较高，动态模量增大，拉伸强度比普通丁基橡胶稍低。含氯化合物的效果顺序如下：

氯化天然橡胶>聚氯乙烯>氯磺化聚乙烯>氯化丁基橡胶。

（3）醌肟硫化体系

丁基橡胶使用对苯醌二肟（GMF）和二苯甲酰对醌二肟（DBGMF）硫化时，胶料的耐热性能特别好。其主要的配合形式有：

① GMF（或 DBGMF）/硫黄/氧化剂硫化体系　胶料迟延硫化起步，硫化胶定伸应力高，硫化程度最高，硫化胶耐高温性能良好。

② GMF/促进剂 DM/Pb_3O_4/ZnO/硫黄硫化体系　促进作用很强，胶料可用于连续硫化。用 DBGMF 代替 GMF 时，胶料硫化起步稍慢，但总的硫化时间不延长。

③ GMF/促进剂 DM/铅硫化体系　硫化程度高，硫化胶的拉伸强度、扯断伸长率、弹性（尤其是高温弹性）高，耐热老化性能好，压缩变形小。

④ GMF/ZnO 硫化体系　缩短硫化起步时间，提高硫化胶的热稳定性和定伸应力。用 DBGMF 也有同样的效果。

丁基橡胶的不饱和度低。需要使用高速促进剂和采用高温长时间硫化，特别是厚壁制品需要更长时间硫化才能达到最佳状态。

各种丁基橡胶硫化体系配合形式如表 6-3、表 6-4 所示。

表 6-3　丁基橡胶的普通硫黄硫化体系

硫化体系	用量/质量份	加工性（焦烧）	硫化速度	热老化（最高可用温度）/℃	说明	主要用途
硫 促进剂 TDEDC[①] 促进剂 DM	1.5 1.5 1.0	安全	快	121～135	动态性能良好	通用
硫 促进剂 TMTD 促进剂 SED[②]	2.0 1.0 1.0	安全	快	100～121	白色填充胶料，在149℃硫化	通用
硫 促进剂 TMTD 促进剂 M	1.5 1.0 0.5	极安全	快	100～121	内胎	通用
硫 促进剂 CDD[③] 促进剂 DM	1.5 1.5 0.5	极安全	慢	100～121	薄壁压出	压出

续表

硫化体系	用量/质量份	加工性（焦烧）	硫化速度	热老化（最高可用温度）/℃	说明	主要用途
硫 促进剂 TDEDC 促进剂 TMTD 促进剂 M	2.0 0.5 0.5 0.5	极安全	慢	121～135	高填充低增塑胶料	压出
硫 促进剂 TDEDC 促进剂 TMTD 促进剂 M	1.0 1.0 1.0 1.0	安全	适中	100～121		通用
硫 促进剂 TDEDC 促进剂 TMTD 促进剂 MZ④	1.5 1.0 1.0 1.0	安全	快	121～135	蒸汽硫化优越	压出
硫 促进剂 TDEDC 促进剂 CDD 促进剂 M	1.5 1.0 1.0 1.0	安全	快	121～135		通用
硫 促进剂 TDEDC 促进剂 TMTD 促进剂 CDD 促进剂 M	1.0 1.5 1.0 0.5 0.5	安全	极快	121～135	高定伸	有棱模制品

① 二乙基二硫代氨基甲酸碲。
② 二乙基二硫代氨基甲酸钠。
③ 二甲氨基二硫代甲酸铜。
④ 2-巯基苯并噻唑锌盐。

表6-4 丁基橡胶特种硫化体系

硫化体系		加工性（焦烧）	硫化速度	热老化（最高可用温度）/℃	说明	主要用途
促进剂 DTDM 促进剂 TMTD	2.0 2.0	极安全	慢	135～149	为进一步改善热老化，用促进剂 TMTD 取代 TETDC	模制
硫 促进剂 TDEDC	0.5 3.0	焦烧	极快	143～160	低压缩变形	模制
硫 促进剂 TDEDC 促进剂 DM	0.5 3.0 1.0	安全	快	143～160	比硫/促进剂 TDEDC 安全	模制

硫化体系		加工性（焦烧）	硫化速度	热老化（最高可用温度）/℃	说明	主要用途
硫 促进剂 TDEDC 促进剂 CDD	0.5 1.5 1.5	安全	快	143～160	比硫/促进剂 TDEDC 安全	模制
BAPFR①	12.0	安全	慢	177～204	硫化胶囊	通用
MPFR② 卤化聚合物	12.0 5.0	安全	慢	177～191	硫化胶囊	通用
MPFR SnCl₂	12.0 2.0	焦烧	极快	191～232	无氧化锌硫化胶囊	模制
GMF③ 促进剂 DM 硫	2.0 4.0 1.0	安全	快	149～185	电性能良好	模制
GMF 促进剂 DM Pb₃O₄	1.5 4.0 5.0	焦烧	极快	163～177	电性能良好	通用
DBGMF Pb₃O₄ 硫	6.0 10.0 0.8	安全	快	149～163	电性能良好	通用

① 溴化烷基酚醛树脂。

② 羟甲基酚醛树脂。

③ 对醌二肟。

150. 如何设计三元乙丙橡胶硫化体系？

三元乙丙橡胶通常可用硫黄、过氧化物、醌肟和反应性树脂等多种硫化体系进行硫化，在实际生产中以前两种为主。不同的硫化体系对其混炼胶的门尼黏度、焦烧时间、硫化速度以及硫化胶的交联键型、力学性能亦有着直接的影响。硫化体系的选择要根据所用乙丙橡胶的类型、产品力学性能、操作安全性、喷霜以及成本等因素综合考虑。

硫黄硫化体系具有操作安全，硫化速度适中，综合力学性能好以及与二烯烃类橡胶共硫化性好等优点，是三元乙丙橡胶使用最广泛、最主要的硫化体系。

在硫黄硫化体系中，由于硫黄在乙丙橡胶中溶解度较小，容易喷霜，因此不宜多用。一般硫黄用量应控制在1～2质量份范围内。在一定硫黄用量范围内，随硫黄用量增加，胶料硫化速度加快，焦烧时间缩短，硫化胶拉伸强度、定伸应力和硬度增高，扯断伸长率下降。硫黄用量超过2质量份时，耐热性能下降，高温下压缩永久变形增大。

为使胶料不喷霜，促进剂的用量亦必须保持在三元乙丙橡胶的喷霜极限溶解度以下。实际上，在工业生产中，为了达到硫化作用的平衡、防止配合剂发生喷霜、让配合剂之间产生协同效应，有利于导致硫化时间的缩短和交联密度的提高，几乎都采用两种或多种促进剂的并用体系。促进剂效果最大的是秋兰姆类和二硫代氨基甲酸盐类，噻唑类常作辅助促进剂。三元乙丙橡胶常用的硫黄硫化体系是 TT/M/S 或者 TMTS/M/S，用量（质量份）为 1.5/0.5/1.5。

硫黄硫化体系中促进剂的用量还可以通过增加硬脂酸的用量来提高，当其他条件不变的情况下，硬脂酸用量增加会导致交联密度、单硫和双硫交联键增加。氧化锌用量的增加亦有助于在交联时形成活性促进剂，从而提高胶料的交联密度及抗返原性，改善动态疲劳性能和耐热性能。

硫黄硫化体系适于各种橡胶制品，除促进剂 TRA（四硫化双五亚甲基秋兰姆）/M 和促进剂 BZ（二正丁基二硫代氨基甲酸锌）/M 体系外，多有喷霜现象。

制造耐热制品时，若采用硫黄硫化体系，为保持其耐热性，硫黄用量比一般配方要减少 1.5～0.5 质量份，促进剂 M 的用量要增大 0.5～1.5 质量份，ZnO 用量应由 5 质量份增至 20 质量份或更高。

采用硫黄给予体代替部分硫黄，可使其生成的硫化胶主要具有单硫键和双硫键，因而可以改善胶料的耐热和高温下的压缩变形性能，延长焦烧时间，所使用的硫黄给予体主要有秋兰姆类，如 DPTT、TMTD、TMTM、2-吗啉基硫代苯并噻唑（MBSS）和 4,4′-二硫代二吗啉（DTDM）等。

对那些要求更好耐高温性能（150℃以上）和极低压缩永久变形的特殊制品需要采用过氧化物硫化。与硫黄硫化体系相比，过氧化物硫化体系具有如下特点。

① 优点：硫化胶具有优越的耐热性能和较低的压缩变形，甚至高温下压缩变形亦很小。胶料高温下硫化速度快，且无硫化返原现象。颜色稳定性好，不污染，大多数过氧化物不易喷霜，且胶料贮存时无焦烧危险。配方简单，与不同高聚物并用时容易共硫化。

② 缺点：低温下硫化速度慢，因此要求较高的温度硫化。硫化胶力学性能低，如拉伸强度，撕裂强度和耐磨性能均较低，尤其高温下撕裂性能差。大多数过氧化物有臭味，且可能与其他配合剂发生反应。价格贵。

其中最常用和价格最便宜的是过氧化二异丙苯 （DCP），DCP 具有中等硫化速度、较高的交联效率和良好的焦烧安全性，缺点是臭味大。选择过氧化物，一般需要从硫化速度、交联密度、贮存稳定性、分解温度、分解产物对人体的影响、加工安全性以及硫化胶的力学性能等多方面综合考虑。根据过氧化物分解温度，DCP 适于在 160℃硫化。过氧化物的用量，按纯品计一般在 2～3 质量份。

为防止交联过程中分子断链，提高硫化速率，改善硫化胶的力学性能，通常在过氧化物交联体系中加入硫黄或硫黄给予体或对醌二肟或乙二醇二甲基丙烯酸酯（EDMA）等共交联剂。一般采用 DCP：S=3：0.4，硫黄可以抑制交联时的正向断链，因而可以提高拉伸强度和撕裂强度。加入 3%的对亚硝基二甲苯胺和二苯甲酰对醌二肟，也可提高力学性能，其他过氧化物均可应用于乙丙橡胶，但价格较高。

三元乙丙橡胶和丁基橡胶一样，可以采用树脂进行硫化。用反应性烷基酚醛树脂和含卤素化合物进行硫化可以获得高温下具有优越的热稳定性和压缩永久变形小的硫化胶。缺点是伸长率较低，硬度较大。在树脂硫化体系中，需要添加卤化物，以便在树脂交联过程中起催化作用，加快硫化速度。卤化物主要有氯化亚锡、氯化铁、氯化锌等。卤化物有腐蚀性，用量不宜过多，否则会腐蚀设备表面。

此外，在用树脂硫化低不饱和度的 DCPD（双环戊二烯）/EPDM 时，必须采用高温长时间硫化，而硫化 ENB（5-亚乙基-2-降冰片烯）/EPDM 则可采用与硫黄硫化体系相同的温度进行硫化。

三元乙丙橡胶可用醌肟硫化体系进行硫化，硫化体系中需加入活性强的金属氧化物（如氧化铅）作活化剂。同时在对醌二肟中加入硫黄亦会产生有利的影响。在醌肟硫化体系中，所用醌肟主要有对醌二肟 （GMF）和 4,4′-二苯甲酰对醌二肟。金属氧化物主要有 Pb_3O_4 和 PbO_2。醌肟与铅的氧化物的用量比大约为 6：10，GMF 与硫黄用量比约为 1.0：（0.4～0.8）。

醌肟硫化体系硫化的三元乙丙硫化胶具有比过氧化物硫化的硫化胶，尤其是比硫黄硫化的硫化胶更为优越的耐老化性能。缺点是力学性能较差，硬度偏高以及价格高等。三元乙丙橡胶不同硫化体系交联键型及特性如表 6-5 所示，促进剂品种和用量如表 6-6 所示。

表6-5　不同硫化体系交联键型及特性

硫化体系名称	硫化体系举例	交联键型	特性
硫黄硫化体系	硫黄 1.5, 促进剂 M 0.5, 促进剂 TMTD 3.0 硫黄 2, 促进剂 M 1.5, 促进剂 TMTD 0.8, 促进剂 TDD 0.8, 促进剂 DPTT 0.8	C—S$_x$—C	硫速快, 拉伸强度高, 蒸汽硫化不喷霜 硫速快, 易焦烧, 拉伸强度高, 平板和蒸汽硫化不喷霜

硫化体系名称	硫化体系举例	交联键型	特性
半有效硫化体系	硫黄 0.5，促进剂 DTDM 2.0，促进剂 TMTD 3.0，促进剂 ZDBC 3.0，促进剂 ZDMC 3.0	$C—S_{t\sim z}—C$	中等硫化速度，在非过氧化物硫化中具有最好的耐热老化性能和最小的压缩变形性能，蒸汽硫化稍有喷霜
过氧化物硫化体系	DCP(Dicup 40KE) 7.0 TAC(氰尿酸三烯丙酯)1.5	C—C	硫化速度快，优越的耐热老化性能和最小的压缩变形，平板和蒸汽硫化不喷霜
树脂硫化体系	溴化烷基酚醛树脂 (SP1055)15	C—C	硫化速度慢，优良的耐热性能及较好的高温性能

表 6-6　常用促进剂在 EPDM 中用量

促进剂类型	DCPD/EPDM	ENB/EPDM
苯并噻唑类和次磺酰胺类:促进剂 M，DM，CZ	1.0～1.5	0.5～1.5
秋兰姆类：促进剂 TMTD，TMTM，TETD	0.6～0.9	0.4～0.8
二烷基二硫代氨基甲酸盐：促进剂 ZDMC[1]，ZDEC	0.6～0.9	0.4～0.8
促进剂 ZDBC	1.0～2.0	0.3～1.5
二硫代磷酸盐类：促进剂 ZDBP[2]	1.0～3.0	0.5～2.5
亚乙基硫脲(NA-22)	0.2～0.5	
促进剂 DPTT，MBSS	0.5～0.9	0.4～0.8
促进剂 DTDM	0.5～1.0	0.5～1.0
促进剂 OTOS[3]	0.5～1.8	0.5～1.8
促进剂 S	1.0～2.0	0.3～1.5

① 二甲基二硫代氨基甲酸锌。

② 二丁基二硫代磷酸锌。

③ 吗啉-4-二硫代甲酸-4-吗啉酯。

151. 丁腈橡胶硫化体系设计要点是什么？

丁腈橡胶主要采用硫黄和含硫化合物作为硫化剂，也可用过氧化物或树脂等进行硫化。由于丁腈橡胶制品多数要求压缩永久变形小，因此多采用低硫和含硫化合物并用，或单用含硫化合物（无硫硫化体系）或过氧化物作硫化剂。

硫黄-促进剂体系是丁腈橡胶应用最广泛的硫化体系。硫黄可使用硫黄粉，也可使用不溶性硫黄。由于硫黄在丁腈橡胶中的溶解度比天然橡胶低，所以应注意控制用量。硫黄用量增加，定伸应力、硬度增大，耐热性降低，但耐油性稍有提高，耐寒性变化不大。由于丁腈橡胶不饱和度低于天然橡胶，所需硫的用量可少些，一般为1.5~2质量份，硫化促进剂用量可略多于天然橡胶，常用量1~3.5质量份。丁腈橡胶的软质硫化胶最宜硫黄用量为1.5质量份左右。不同丙烯腈含量的丁腈橡胶所需硫黄量也不同，当丙烯腈含量高，而丁二烯相对含量低时，由于减少了不饱和度，所需硫黄用量可酌量减少。如丁腈-18，硫黄用量1.75~2质量份，丁腈-26，硫黄用量1.5~1.75质量份，具有良好的综合性能。低硫配合可提高硫化胶的耐热性，降低压缩永久变形及改善其他性能，因此丁腈橡胶常采用低硫（硫黄用量0.5质量份以下）高促硫化体系。丁腈橡胶使用的促进剂主要是秋兰姆类和噻唑类，其中秋兰姆类促进剂的硫化胶特性较好，特别是压缩永久变形性良好，而且加工安全，故应用更为普遍。此外其还使用次磺酰胺类促进剂。胺类和胍类促进剂常作为助促进剂使用。硫黄与不同促进剂并用具有不同的性能，例如用秋兰姆类（如促进剂TMTD、TRA、TETD）与硫黄并用，采取低硫或无硫配合，耐热性优异；硫黄与促进剂DM或CZ并用，胶料强伸性能好，是一种常用的硫化体系；硫黄与一硫化四甲基秋兰姆（TMTM）并用，胶料具有较低的压缩永久变形和最小的焦烧倾向。采用高量秋兰姆类与次磺酰胺类并用或秋兰姆类与噻唑类并用的低硫配方，硫化胶的力学性能优异，耐热性良好，压缩永久变形小，并且不易焦烧和喷霜。

为减小永久变形，采用少量硫黄与秋兰姆并用是极其有效的。该配方的特点是永久变形小，但焦烧时间稍短。

硫化活性剂常采用氧化锌和硬脂酸。氧化锌在硫黄硫化和无硫硫化体系中的用量常在1.0~5.0质量份之间，氧化锌习惯用量5质量份，硬脂酸用量一般为1.0质量份。

镉镁硫化体系是用含镉化合物和氧化镁作硫化剂。其特点是耐热老化性和耐热油老化性优异，压缩永久变形小，并且贮存稳定性好。但由于使用氧化镉、二乙基二硫代氨基甲酸镉等镉化物，需要注意毒性等问题。

含硫化合物硫化体系是用含硫化合物如秋兰姆类和二硫代二吗啉等作硫化剂。该硫化体系中不用硫黄，习惯上又称作无硫硫化体系。丁腈橡胶硫化常用的秋兰姆硫化剂有二硫化四甲基秋兰姆（TMTD）、二硫化四乙基秋兰姆（TET）、四硫化双五亚甲基秋兰姆（TRA）等。秋兰姆类硫化剂因易于喷霜，外观要求严格的制品应慎重使用。为避免喷霜，可使用二硫代二吗啉，或采取秋兰姆与二硫代二吗啉并用，抑或秋兰姆与促进剂 CZ 并用作硫化剂。

丁腈橡胶采用有效硫化体系能提高硫化胶耐热老化性能，降低压缩永久变形。如硫黄 0.5 质量份，TMTD 1.0 质量份，CZ 1.0 质量份，具有良好的耐热老化性和低压缩变形。能用于天然橡胶的促进剂都可用于丁腈橡胶。

丁腈橡胶常用的过氧化物硫化剂有过氧化二异丙苯（DCP）、过氧化铅等。过氧化二异丙苯的用量一般为 1.5～2.0 质量份，高丙烯腈含量的丁腈橡胶中最宜用量为 1.25 质量份，特殊情况可用 5 质量份。使用过氧化物硫化剂的丁腈橡胶的特点是压缩永久变形小、耐热老化及耐寒性好、不易喷霜，其中耐热、耐寒性及压缩变形都优于低硫体系的配方，但由于成本较高，硫化时间较长，当前应用还不太广泛。但其热撕裂强度（起模时）不好，加入少量硫黄可改善撕裂性能。采用 DCP 硫化时，常配用交联助剂来提高交联程度，如使用氰尿酸三烯丙酯、醌肟等，用量 1～5 质量份。采用过氧化铅硫化，低温性能好，拉伸强度大，但压缩变形大，易焦烧。采用过氧化铅硫化可不用氧化锌，但用 1.0 质量份硬脂酸有助于配合剂分散。过氧化铅用量一般为 5.0 质量份。

采用树脂作硫化剂的硫化胶具有极好的耐热性，但硫化速度慢，需采用高温长时间硫化。常用的树脂为烷基酚醛树脂。如在丁腈橡胶中加入 40 质量份烷基酚醛树脂，在 155℃下硫化 2h，可获得性能良好的硫化胶。为提高树脂硫化的交联程度，可配用多元胺、多元醇或多异氰酸酯等，用量为 1～5 质量份。为提高树脂硫化的反应速度，可配用金属卤化物，如氯化亚锡（$SnCl_2$）、三氯化铁（$FeCl_3$）等，用量为 0.5～2.0 质量份。

此外，还有采用对苯醌二肟和多价金属氧化物作硫化剂的，但仅限于少数特殊用途。丁腈橡胶不同硫黄硫化体系的对比如表 6-7 所示。

表 6-7　不同硫黄硫化体系的硫化作用及硫化胶性能

硫化体系	力学性能												硫化特性									
	高拉伸强度	高伸长率	低伸长率	高定伸应力	低定伸应力	高硬度	低硬度	高压缩变形	低压缩变形	滞后性较小	滞后性较大	喷霜现象	从门尼值测定	很易焦烧	不易焦烧	硫化速度较快	硫化速度较慢	贮存稳定性差	从拉伸试验测定	不易焦烧	硫化速度较快	硫化速度较慢
TMTD (无硫)		○		○		○				○		○								○		○
TMTD/硫黄			○	○					○		○	○										

续表

硫化体系	力学性能												硫化特性									
	高拉伸强度	高伸长率	低伸长率	高定伸应力	低定伸应力	高硬度	低硬度	高压缩变形	低压缩变形	滞后性较小	滞后性较大	喷霜现象	从门尼值测定	很易焦烧	不易焦烧	硫化速度较快	硫化速度较慢	贮存稳定性差	从拉伸试验测定	不易焦烧	硫化速度较快	硫化速度较慢
TMTD/CZ/硫黄				○						○	○	○									○	
TMTD/DM		○		○		○					○	○									○	○
TRA			○		○			○				○	○		○		○					
TET/CZ		○									○	○				○						
DM/硫黄	○							○								○						
TS/硫黄	○								○							○						
CZ/硫黄	○															○						
DM/TS/硫黄	○			○					○							○						
DM/PZ/硫黄				○																	○	
DM/Cumate/硫黄				○		○															○	
TTSE/硫黄				○		○			○													○
M/D/硫黄	○							○						○				○				○
TTSE/DM								○									○					

注：1. CZ（CM 或 CBS）：N-环己基-2-苯并噻唑次磺酰胺。

2. TRA：四硫化双五亚甲基秋兰姆。

3. TET：二硫化四乙基秋兰姆。

4. TS（TMTM）：一硫化四甲基秋兰姆。

5. PZ：二甲基二硫代氨基甲酸锌。

6. Cumate：二甲基二硫代氨基甲酸铜。

7. TTSE：二乙基二硫代氨基甲酸硒。

152. 如何设计硅橡胶硫化体系?

硅橡胶为饱和度高的橡胶，通常不能用硫黄硫化，用于热硫化硅橡胶的硫化剂主要是有机过氧化物、铂金、脂肪族偶氮化合物、无机化合物、高能射线等，其中最常用的是有机过氧化物，这是因为有机过氧化物一般在室温下比较稳定，但在较高的硫化温度下能迅速分解，从而使硅橡胶交联。硅橡胶常用硫化剂有 DCP、过氧化二苯甲酰（BP）、2,4-二氯过氧苯甲酰（DCBP）、过氧化苯甲酸叔丁酯（TBPB）、DTBP、DBPMH（双 25），其中以 DCP 和双 25 最为常用。

这些过氧化物按其活性高低可以分为两类，一类是通用型，即活性较高，对各种硅橡胶均能起硫化作用，主要有 BP 和 DCBP；另一类是乙烯基专用型，即活性较低，仅能对含乙烯基的硅橡胶起硫化作用，主要品种有 DTBP、TBPB、DCP、DBPMH。

除了两类过氧化物的一般区别外，每一种过氧化物都有其自己的特点。硫化剂 BP 是模压制品最常用的硫化剂，硫化速度快、生产效率高，但不适宜厚制品的生产。硫化剂 DCBP 因其产物不易挥发，硫化时不加压也不会产生气泡，特别适宜压出制品的热空气连续硫化，但它的分解温度低，易引起焦烧，胶料存放时间短。硫化剂 BP 和 DCBP 均为结晶状粉末，易爆，为安全操作和易于分散，通常将它们分散于硅油或硅橡胶中制成膏状体，一般含量为 50%。硫化剂 DTBP 的沸点为 110℃，极易挥发。胶料在室温下存放时硫化剂就挥发，最好以分子筛为载体的形式使用。硫化剂 DTBP 不会与空气或炭黑起反应，可用于制造导电橡胶及模压操作困难的制品。硫化剂 DBPMH 与 DTBP 类似，但常温下不挥发，它的分解产物挥发性很大，可以缩短二段硫化时间。硫化剂 DCP 在室温下不挥发，具有乙烯基专用型的特点，同时分解产物挥发性也较低，可以用于外压小的场合硫化。硫化剂 TBPB 可用于制造海绵制品。

过氧化物的用量受多种因素的影响，例如，生胶品种、填料类型和用量、加工工艺等。一般来说，只要能达到所需的交联度，硫化剂应尽量少。但实际用量要比理论用量高得多，因为必须考虑到多种加工因素的影响，如混炼不均匀，胶料贮存中过氧化物损耗等。对于乙烯基硅橡胶模压制品用胶料来说，各种过氧化物常用的范围（质量份）是：硫化剂 BP 0.5～1.0；硫化剂 DCBP 1.0～2.0；硫化剂 DTBP 1.0～2.0；硫化剂 DCP 0.5～1.0；硫化剂 DBPMH 0.5～1.0；硫化剂 TBPB 0.5～1.0。

铂金硫化剂硫化原理为在催化剂 Pt 存在的情况下，含氢硅油与乙烯基双键发生硅氢加成反应，从而达到交联硫化的目的。由于硅氢加成反应在 Pt 催化剂存在的环境下很容易发生反应。一般将铂金硫化剂分为 A 组分和 B 组分，也有单组分。铂金硫化剂是一种双组分加成型硅胶硫化剂，A、B 两者并用才能达到硅胶成型目的。铂金硫化剂具有硫化温度低、硫化速度快等特点，硫化成型后的产品物理性能稳定，收缩率小，产品的拉伸强度、抗撕裂性和回弹力大大提高，制品分子间交联充分，符合环境保护和公共卫生要求，与传统的过氧化物硫化体系相比具有环保、高效无味的优势。铂金硫化剂的卫生环保等级高，可通过欧盟 ROHS（《关于限制在电子电器设备中使用某些有害成分的指令》）、美国 FDA（美国食品药品监督管理局）、德国 LMBG（《食品、烟草制品化妆品和其他日用品管理法》）食品级认证等各种严格检测。

铂金硫化剂主要生产卫生性能高或硫化温度低的硅橡胶。主要适用于各种食品级生产，如挤出透明硅管、模压奶嘴、蛋糕板模等。常见双组分配合如表 6-8 所示。

表 6-8　双组分铂金硫化剂使用

硫化方式	使用比例		硫化温度	硫化时间
	A	B		
模压	0.5%~0.6%	1.0%~1.2%	120~150℃	视产品而定
挤出压延（气相胶）	0.4%~0.6%	0.8%~1.2%	200~500℃	
挤出压延（沉淀胶）	0.5%~0.6%	1.0%~1.2%		

一般加入方法是先取一半的硅胶与 B 组分混炼均匀后，静置冷却。再取另一半硅胶与 A 组分混炼均匀，静置冷却。硫化成型之前，取等量比的 A、B 胶互相混炼均匀即可用于硫化成型操作。A 胶与 B 胶互相混炼好的胶料，需在 4~8h 内使用完，以防止室温交联。若 A 胶与 B 胶互相混炼后需贮存更久时间，须另外加入延迟剂，延迟剂愈多则硫化速度愈慢。

铂金硫化体系使用时应注意：

① 使用铂金加硫，遇乙炔炭黑，深绿、深红及其他深色的产品时使用比例须重新调整。

② 使用铂金加硫，原料中不可以加入含有 N、P、S 的原子或重金属成分（例如：硫化氢，硫醇），其会使产品表面产生大量针孔，且会铂金中毒导致产品硫化不完全并产生粘模现象。

③ 炼胶过程中温度不可太高，最好不超过 40℃，建议开炼机用冰水循环冷却，效果最佳。

④ 加好铂金 A、B 剂后，需要放置在温度不超过 25℃ 的空间内，并需在 4~

8h 内使用完，以防止室温交联。若需延长保存时间，可适量增加延迟剂。

⑤ 需避免高温和阳光直射，远离火源、酸性物质、金属氧化物、胺类物质和易燃性材料。宜于 25℃以下存放。

153. 如何设计氟橡胶硫化体系？

氟橡胶是一种高度饱和的含氟高聚物，一般不能用硫黄进行硫化，可采用有机过氧化物、有机胺类及其衍生物、二羟基化合物及辐射硫化。目前工业上常用前三种方法，主要的硫化配合有有机过氧化物硫化体系、二胺及其衍生物硫化体系、二元酚和促进剂并用硫化体系、有机过氧化物与 TAIC 硫化体系四种。有机过氧化物硫化体系一般以过氧化二苯甲酰（硫化剂 BP）为硫化剂，其硫化速率和硫化程度都较低，胶料的耐酸性好，但压缩永久变形大、耐热性及工艺性不好，不宜用于制造密封制品，主要用于硫化 23 型氟橡胶。二胺及其衍生物硫化体系（胺类硫化体系）以己二胺、六亚甲基二胺氨基甲酸盐（1 号硫化剂）、乙二胺氨基甲酸盐（2 号硫化剂）、N,N'-双肉桂醛缩-1,6-己二胺（3 号硫化剂）、亚甲基（对氨基环己基甲烷）氨基甲酸盐（4 号硫化剂）为硫化剂，其硫化的胶料耐热性好、压缩永久变形小，但耐酸性不好。胺类硫化剂中，3 号硫化剂易于分散，对胶料有增塑作用，工艺性能较好，硫化胶的耐热性、压缩永久变形性均还可以，所以应用比较普遍。此类硫化体系主要用于硫化 26 型氟橡胶。二元酚和促进剂并用硫化体系（双酚类硫化体系）是以 5 号硫化剂（对苯二酚）或双酚 AF[2,2-双(4-羟基苯基)六氟丙烷]为硫化剂，并配以季铵盐或季鏻盐为促进剂，如 BBP，是随着 Viton E 型胶种出现而开发的硫化剂，其硫化胶工艺性最好（流动性好），硫化产品无抽边（缩边），压缩永久变形很小，大大优于胺类硫化体系。有机过氧化物与 TAIC 硫化体系是随着 G 型胶种、四丙橡胶的出现而采用的，它以硫化剂 DCP（过氧化二异丙苯）、2,5-二甲基-2,5-二(叔丁基过氧)己烷（俗称双 25）等为硫化剂，且必须配以 TAIC（三异氰尿酸三烯丙酯）作共硫化剂，其硫化胶耐焦烧性极好，在高温下的压缩永久变形也较好，具有良好的耐高温蒸汽性能。硫化体系的发展与氟橡胶分子结构的改进是密切相关的。含氟烯烃类氟橡胶以 Viton 型为代表，其生胶品种从 A、B、C、D（已淘汰）到 E 和 G 型逐步发展，同时也相应地改进了其硫化体系，即从最早的 20 世纪 50 年代的有机过氧化物到 70 年代的二羟基化合物（双酚 AF 为代表），直到最近 G 型系列品种采用了新的有机过氧化物硫化体系。改进的目的主要是改善工艺性能和硫化胶的压缩永久变形及提高其耐介质腐蚀性能。

硫化剂的用量对硫化胶性能有较大影响，一般说来，随其用量增加，硫化胶的硬度、拉伸强度增大，伸长率和压缩永久变形降低，高温老化后的拉伸强度保持率略有提高，伸长率保持率则显著下降。

硫化剂的用量依据胶种和硫化剂的品种不同而不同，硫化剂 BP 在 23 型氟橡胶中的用量一般为 3～4 质量份，3 号硫化剂在 26 型氟橡胶中的用量为 2.5～3.0 质量份。双酚 AF 与促进剂 BBP 配合量（质量份）为（2.0～2.58）/（0.2～0.4）。

由于氟橡胶硫化过程中能析出氟化氢，影响橡胶的硫化和产品的性能，因而在氟橡胶硫化体系中加入酸接受剂（也为吸酸剂、活化剂或稳定剂）以有效中和氟化氢这类物质，促进交联密度的提高，给予胶料较好的热稳定性。吸酸剂主要为金属氧化物（氧化镁、氧化钙、氧化锌、氧化铅等）及某些盐类（如二碱式亚磷酸铅）。其作用大小与碱性强弱一致，碱性愈强则所得硫化胶的交联密度愈高，表现为拉伸强度较高、伸长率和压缩永久变形较小、但加工安全性差（易焦烧）。

在吸酸剂中，氧化镁和氧化锌较为常用。当应用氧化锌时，往往是将其和二碱式亚磷酸铅等量并用，氧化铅通常用于耐酸胶料，氧化镁用于耐热胶料，氧化钙用于低压缩变形胶料，氧化锌和二碱式亚磷酸铅并用作耐水性胶料。用量为 10～20 质量份。

154. 如何设计 ECO、CO 硫化体系？

氯醚橡胶因不含双键不能用硫黄硫化，一般都是利用其侧链氯甲基的反应性进行交联。均聚型和共聚型相比，后者的硫化速度稍快，硫化程度也略高。

氯醚橡胶可用硫脲类、胺类、碱金属的硫化物、氰酸盐和含有活性氢的化合物并用、多硫化秋兰姆、三嗪衍生物等硫化体系进行硫化，其中以硫脲类和三嗪衍生物较为常见。

（1）硫脲类

采用硫脲类物质硫化有如下三种方法。

① 硫脲类与金属化合物并用。元素周期表中第 ⅠA、ⅡA、ⅣA、ⅧB 族的元素（除氢元素）均可采用，最常用的金属是铅和镁。以氧化物效果最好，也可使用其脂肪酸盐、磷酸盐、碳酸盐等。硫脲类中以促进剂 ETU 的硫化速度最快，二烷基硫脲、三烷基硫脲的硫化速度则递减，硫脲因分散性差，很难获得性能良好的硫化胶，芳香族硫脲因硫化速度过慢，一般不能采用。四烷基硫脲在通常的硫化条件下，很难进行硫化。应用最广泛的是促进剂 ETU/Pb_3O_4 的并用体系，促进剂 ETU 用量为 1.2 质量份，Pb_3O_4 为 5 质量份。其硫化胶的耐热

性较好，但有毒性。

② 硫脲类和硫黄或含硫化合物并用。含硫化合物以多硫化物效果较好，但多硫化物的含硫量过多，反而使效果降低，如二硫化四甲基秋兰姆的效果就优于四硫化双五亚甲基秋兰姆。此并用体系的特点是硫化平坦，不易焦烧。

③ 硫脲类与金属化合物及硫黄或含硫化合物并用。此三者的并用体系比上述两种体系的硫化速度和硫化程度都有提高，硫化的平坦性好，能够和通用橡胶的硫黄硫化体系相媲美。含硫化合物常用的有四硫化双五亚甲基秋兰姆、二硫化四甲基秋兰姆以及二硫化二苯并噻唑或次磺酰胺类等。一般多硫化物中的硫含量愈多，三者的并用效果愈好，硫化程度愈高，硫化速度也愈快。但和二硫化物并用时，则硫化诱导期较长，硫化平坦较好。和硫黄并用时，拉伸强度较高，但压缩永久变形较大。

（2）胺类

用胺类硫化也有如下三种方法。

① 用多元胺硫化。用多烷亚基多胺硫化效果较好，但芳基多胺的硫化速度极慢，密胺（三聚氰胺）不能硫化。

② 胺类与含硫化合物并用。在不同一元胺及多元胺中，并用硫黄秋兰姆类、噻唑类及二硫代氨基甲酸盐类，可提高硫化程度和硫化速度。三元胺和硫黄并用的效果较好，三亚乙基四胺、乙醇胺等则和多硫化秋兰姆并用较为有效。

③ 胺类和含硫化合物、尿素化合物三者并用。在上述②的硫化体系中，若再并用尿素化合物，可进一步提高硫化速度，但此时若并用硫脲类化合物则效果较小。

（3）碱金属的硫化物

碱金属的硫化物、硫氢化物、硫代碳酸盐等单用或和其他化合物并用，均可硫化氯醚橡胶。

（4）氰酸盐和含有活性氢的化合物并用

氢氰酸的碱金属盐、铅盐和丙三醇及其他化合物并用，可制得良好的硫化胶。此体系的脱模性好，对模型污染少，但硫化速度稍慢。

（5）多硫化秋兰姆

单用多硫化秋兰姆也可硫化氯醚橡胶，并用氧化镁后可促进硫化，但硫化速度依然很慢。

（6）三嗪衍生物

采用被 2～3 个巯基官能团（SH）置换的硫代三嗪衍生物硫化，可制得良好的硫化胶。此体系的硫化速度随衍生物的种类而变化，并用胺类可促进硫化。采用此体系硫化速度较快，压缩永久变形较小，不需要进行二次硫化。现在工业上常用的三嗪衍生物是 2,4,6-三巯基硫代三嗪（简称硫化剂 F）。它常与作为酸接受体的氧化镁及磷酸钙并用。采用此体系时均聚氯醚橡胶和共聚氯醚橡胶的硫化速度差别较大，前者常用促进剂 D 作活性剂，后者则使用 *N*-（环己基硫代）苯二甲酰亚胺作迟延剂。该体系因不使用铅化物，故耐水性较差。

（7）室温硫化体系

氯醚橡胶选用适当的硫化剂，如硫醇钠/硫黄（2/1）、TETA/TRA（2/1）、三元胺/硫黄（2/1）、二丁基氨基-二巯基硫代三嗪/月桂基胺（2/1），可在室温下 2～7 天内硫化。

155. 如何设计丙烯酸酯橡胶硫化体系？

丙烯酸酯橡胶的硫化体系要根据引入聚合物的官能团来确定，其共聚单体可分为主单体、低温耐油单体和硫化点单体等三类单体。常用的主单体有丙烯酸甲酯、丙烯酸乙酯、丙烯酸丁酯和丙烯酸 2-乙基己酯等。低温耐油单体主要有丙烯酸烷氧醚酯、丙烯酸甲氧乙酯、丙烯酸聚乙二醇甲氧基酯、顺丁烯二酸二甲氧基乙酯等。为了使丙烯酸酯橡胶方便硫化处理，目前工业化应用的硫化点单体主要有：含氯型氯乙酸乙烯酯；环氧型甲基丙烯酸缩水甘油酯、烯丙基缩水甘油酯；双键型 3-甲基-2-丁烯酯、亚乙基降冰片烯；羧酸型-顺丁烯二酸单酯或衣康酸单酯等。

各类丙烯酸酯橡胶由于交联单体种类的不同，硫化体系亦不相同，如表 6-9 所示。

表 6-9　丙烯酸酯橡胶的交联体系

丙烯酸酯橡胶类型	皂交联型	羧酸铵盐交联型	自交联型	多胺交联型（含氯或不含氯）	含氯多胺交联型	不含氯多胺交联型
硫化体系	金属皂和硫黄	苯甲酸铵	苯二甲酸酐	三亚乙基四胺与硫黄	乙烯基硫脲与红丹	过氧化物
硫化剂成本	低	中	中	中	中	中
加工稳定性	好	很好	好	中	好	好
胶料存放性	很好	很好	很好	差	很好	一般
有无气味	无	有	无	有	无	有

丙烯酸酯橡胶类型	皂交联型	羧酸铵盐交联型	自交联型	多胺交联型（含氯或不含氯）	含氯多胺交联型	不含氯多胺交联型
平板硫化温度/℃	165	165~170	175	160~170	155	155~160
后硫化	可省	要	要	要	要	要
污染模具	无	有，严重	无	有	有，严重	无

目前市场上销售的丙烯酸酯橡胶产品主要是活性氯型产品。活性氯型丙烯酸酯橡胶最常用的硫化剂组成的硫化体系如下。

皂/硫黄/硬脂酸并用硫化体系：丙烯酸酯橡胶最常用、最为理想的硫化体系。其特点是成本低，工艺性能好，硫化速度较快，胶料的贮存稳定性好，便于调节混炼胶的硫化工艺，加工安全简便、无毒、不挥发、不污染、不腐蚀模具。但是胶料的热老化性稍差，压缩永久变形较大。硬脂酸钠和硬脂酸钾是脂肪酸盐，可防止混炼时的粘辊和硫化时的粘模，起到操作助剂的作用。

硫化体系由皂、硫黄、硬脂酸部分组成，常用的皂有硬脂酸钠、硬脂酸钾和油酸钠。不同皂表现的特性亦不相同，其中硬脂酸钠硫化速度慢、加工安全，硬脂酸钾易焦烧，采用钾、钠盐并用，改变并用比例，可控制焦烧时间，但对硫化状态的影响不显著。常用量为硬脂酸钠 3~3.5 质量份，硬脂酸钾 0.3~0.35 质量份，经典并用量为硬脂酸钠 3 质量份、硬脂酸钾 0.3 质量份。以油酸钠硫化时，因在硫化速度、硫化程度、加工安全性三者之间有较好的平衡，可单独使用。

硫黄可提高硫化速度和硫化程度，但使胶料操作安全性降低，硫化胶定伸应力增加，伸长率下降，压缩变形增大，一般用量为 0.25~0.30 质量份，有时为在短时间内达到较高的硫化程度可以用到 0.5 质量份。

硬脂酸本身为操作助剂，但由于对皂硫化有明显影响，因而也构成了皂硫化系统的组分之一。增加硬脂酸用量可减慢硫化速度，改善操作安全性。作为操作助剂，硬脂酸用量至少为 0.5 质量份，如需平衡皂的活化作用，用量可增加至 2 质量份。为使胶料有更好的焦烧安全性，可加入 0.3~0.5 质量份防焦剂 CTP。

以皂系统硫化厚壁制品时，为减慢硫化速度和防止产生气泡，可加入一定量四硫化双五亚甲基秋兰姆。皂交联型丙烯酸酯橡胶用金属皂硫化时，在 180℃下经 10min 即可达最宜硫化，当制品对变形要求不高时，可不进行后硫化。

皂交联型橡胶的硫化剂中开发了一种马来酰亚胺，如间苯亚基-双马来酰亚胺，可以获得极快的硫化速度，加工稳定性亦好。

TCY（1,3,5-三巯基-2,4,6-均三嗪）硫化体系硫化速度快，可以取消二段硫化，硫化胶热老化性好，压缩永久变形小，工艺性能一般，但是对模具腐蚀性较大，混炼胶的贮存时间短，易焦烧。如硫黄 0.3 质量份、交联助剂 HVA-2 1.3 质量份、硫化剂 TCY 1 质量份、促进剂 BZ 1 质量份、防焦剂 CTP 0.2 质量份（生胶为 JRS AR213）或硫化剂 ZISNET-F 1.5 质量份、促进剂 BZ 1.5 质量份（ZDC 1）、EUR 0.3 质量份（ETU 0.3 质量份）、防焦剂 PVI 0.3 质量份（生胶为日本瑞翁公司 AR72E）都是比较成功的，是可实际应用的硫化体系，但有污染模具的倾向，模具需电镀。

采用 N,N'-二（亚肉桂基-1,6-己二胺）硫化体系硫化胶的热老化性能好，压缩永久变形小，但是工艺性能稍差，有时会出现粘模现象，无法制作比较复杂断面的产品，混炼胶贮存期较短，硫化程度不高，一般需要二次硫化。

156. 如何设计 EVM 硫化体系？

EVM（乙烯-醋酸乙烯酯橡胶）是一种饱和橡胶，故只能采用有机过氧化物硫化体系进行硫化，硫化剂可用 DCP、双 25、无味 DCP 等，DCP 用量为 2～3 质量份，同时为了加快硫化速度，提高交联效率，缩短硫化时间，需使用助交联剂。助交联剂（TAC 或 TAIC、HVA-2）用量为 1～3 质量份。当硫化剂 DCP 和助交联剂 TAIC 的用量约为 2 质量份时，EVM 的拉伸强度高，压缩永久变形小，综合性能良好。

DCP 用量增加（0.6～1.2 质量份），拉伸强度和 100%定伸应力明显增大，撕裂强度、扯断伸长率和扯断永久变形明显降低。进一步增加 DCP 用量，拉伸强度和撕裂强度则变化不大，扯断伸长率和扯断永久变形进一步减小，硬度则随 DCP 用量增加稍有增大趋势。

助交联剂 TAIC 用量的增加也可以使 EVM 交联程度明显增加，但对硫化速度无明显影响，硬度和 100%定伸应力均增大，拉伸强度略有提高，撕裂强度、扯断伸长率和压缩永久变形减小，不过 TAIC 用量增加至 2 质量份以后，这种变化趋势逐渐减弱，因此可以认为采用 2 质量份 TAIC 是较为合适的。

157. 如何设计氯化聚乙烯橡胶硫化体系？

氯化聚乙烯不含双键，而与仲碳原子键合的氯原子又不具有高度的反应活性，所以适用于氯化聚乙烯的硫化体系比较有限。目前在工业生产中使用的硫化体系有五种：①硫黄-超速促进剂硫化体系；②硫脲硫化体系；③胺类硫化体系；④有机过氧化物硫化体系；⑤噻二唑衍生物硫化体系。

（1）硫黄-超速促进剂硫化体系

氯化聚乙烯是不含双键的高聚物，使用常规的硫黄-促进剂硫化体系不易使它交联。适当地加入氧化锌处理氯化聚乙烯使之产生双键，提供反应部位后，就能使用硫黄-超速促进剂来硫化这种弹性体。氯化聚乙烯使用硫黄-超速促进剂硫化时，最有效的促进剂是二硫代氨基甲酸盐类，特别是二乙基二硫代氨基甲酸镉（促进剂 CED），第二促进剂可使用二硫化二苯并噻唑（促进剂 DM）。较好的硫化系统配比为：硫黄 1 质量份，促进剂 CED 1.75 质量份，促进剂 DM 2 质量份，氧化镁 3 质量份，氧化镉 2.5 质量份，硬脂酸 1 质量份。

（2）胺类硫化体系

氯化聚乙烯同许多含卤素橡胶一样，可以使用二元胺或多元胺硫化，代表性胺化合物有 1 号硫化剂（六亚甲基二胺氨基甲酸盐）、2 号硫化剂（乙二胺氨基甲酸盐）、3 号硫化剂（N,N'-双月桂醛缩-1,6-己二胺）、TETA（三亚乙基四胺）等，使用胺类硫化的氯化聚乙烯硫化胶，一般压缩永久变形较大。基本配方为氯化聚乙烯 100 质量份，氧化镁 10 质量份，胺 2～5 质量份。

（3）硫脲硫化体系

氯化聚乙烯使用硫脲类硫化是有效的。可使用不同取代基的硫脲，如 1,2-亚乙基硫脲、甲基硫脲、丁基硫脲、三甲基硫脲等，其中使用最多的是 1,2-亚乙基硫脲（促进剂 ETU）。各种不同取代基的硫脲硫化氯化聚乙烯的硫化曲线见图 6-1。

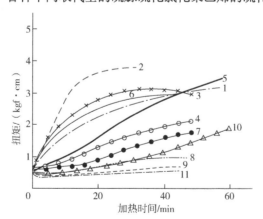

图6-1　各种硫脲硫化氯化聚乙烯曲线（180℃）

1—硫脲（1.6）；2—1,2-亚乙基硫脲（2.0）；3—甲基硫脲（1.0）；4—N,N-二甲基硫脲（2.0）；

5—三甲基硫脲（2.4）；6—丁基硫脲（2.7）；7—N,N-二丁基硫脲（4.0）；8—三丁基硫脲（6.0）；

9—四丁基硫脲（6.0）；10—巯基咪唑啉（8.0）；11—二苯基硫脲（6.0）

括号内数字为配合份数，质量份；1kgf=9.80665N

从图 6-1 可见，硫脲类中，1,2-亚乙基硫脲（促进剂 ETU）的交联效果最佳，甲基硫脲、丁基硫脲、三甲基硫脲等也很有效。N-取代基的分子量小些，而且取代基数目少时，对氯化聚乙烯的硫化效果则较佳。

氯化聚乙烯使用硫脲硫化时，为了得到更好的耐化学药品、耐水等特性的硫化胶，最好使用一氧化铅为稳定剂。但在配方中有硫黄存在时将会使硫化胶污染。以氧化镁作稳定剂则无此弊病，能制得浅色的胶料，但耐水性能稍逊。

氯化聚乙烯使用硫脲硫化时，其硫化效果会受到氯化氢吸收剂的影响。配方中促进剂 ETU 与氧化镁配合量对胶料性能的影响见图 6-2（试验配方：氯化聚乙烯，100 质量份；半补强炉黑，50 质量份；增塑剂 DOP，20 质量份）。

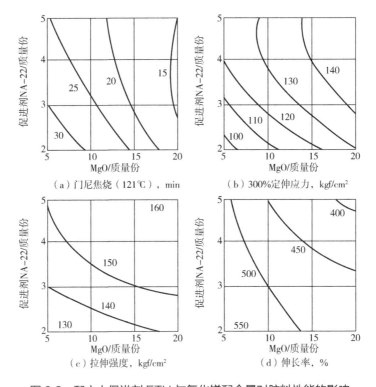

（a）门尼焦烧（121℃），min

（b）300%定伸应力，kgf/cm²

（c）拉伸强度，kgf/cm²

（d）伸长率，%

图 6-2　配方中促进剂 ETU 与氧化镁配合量对胶料性能的影响

此外，在硫脲类促进剂中，二乙基硫脲（促进剂 DETU）的硫化胶也表现出良好的力学特性，几种硫脲对氯化聚乙烯硫化胶性能对比见表 6-10。

在促进剂 ETU 的硫化配方中，并用少量硫黄能使硫化效果明显增加，最佳用量是：促进剂 ETU 2.5 质量份；硫黄 0.5 质量份。

硫脲硫化体系的缺点：除了硫化速率较慢之外，100℃以上的热老化会使其性能受到较大的影响，迄今尚未找到理想的防老剂，硫化胶的耐油性能也不及使用有机过氧化物硫化者，更为重要的是硫化胶有一种难闻的气味，因而其应用受到一些限制。

表6-10 几种硫脲硫化胶性能比较

性能	1,2-亚乙基硫脲 ETU			二乙基硫脲 DETU			二丁基硫脲 DBTU		
门尼试验（MS，120℃）									
最低黏度[ML（1+4）100℃]	36			33			32		
焦烧时间 T_5/min	29			26.5			35		
硫化时间（155℃）/min	30	45	60	30	45	60	30	45	60
拉伸强度/MPa	19.2	20.4	21.8	18.7	20.4	21.5	15.7	16.8	18.3
300%定伸应力/MPa	10.7	12.7	14.6	8.5	10.9	11.5	7.1	7.5	7.8
伸长率/%	650	590	530	720	650	620	770	720	720
硬度/JIS	61	62	62	58	59	59	57	57	58
压缩永久变形（70℃×22h）/%		32			23				58

注：试验配方为氯化聚乙烯（401A），100质量份；半补强炉黑，50质量份；增塑剂DOP，30质量份；氧化镁，10质量份；硫黄，0.5质量份；硫脲类促进剂，2.5质量份；共计193质量份。

（4）有机过氧化物硫化体系

有机过氧化物是氯化聚乙烯的有效硫化剂；使用有机过氧化物硫化的氯化聚乙烯硫化胶，与以上三种硫化体系比较，能改善其耐热老化性（能抗耐150～160℃）、抗压缩永久变形及提高耐油性能。DCP硫化氯化聚乙烯拉伸强度可达21MPa左右，撕裂强度在40N/mm以上，压缩永久变形在10%左右。

对氯化聚乙烯来说，使用有机过氧化物硫化时，其用量以100g氯化聚乙烯计，按有机过氧化物的有效过氧基（O—O）计算为0.01～0.02mol。例如；过氧化二异丙苯（DCP）的分子量为270，有效过氧基为1，其用量范围为2.7～5.4g。

使用有机过氧化物硫化的氯化聚乙烯胶料，混炼温度应比所使用的有机过氧化物半衰期为1min时的温度低约50℃，并且不应高于半衰期为10h的温度。胶料的硫化温度一般可取该有机过氧化物半衰期1min时温度的±15℃的温度，硫化时间为该有机过氧化物预定硫化温度下半衰期的6～10倍，这样能取得较好的效果。

几种有机过氧化物硫化氯化聚乙烯的硫化曲线如图6-3所示。试验配方（质量份）：氯化聚乙烯，100；半补强炉黑，50；DOP，20；环氧树脂，5；TAIC，3；过氧化物，2.7。

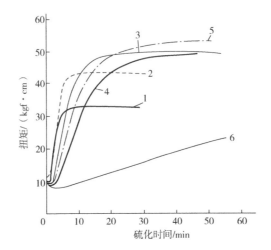

图6-3 有机过氧化物硫化曲线（硫化温度160℃）

1—1,1-二(叔丁基过氧)-3,3,5-三甲基环己烷；2—叔丁基过苯甲酸酯；3—二异丙苯基过氧化物；
4—2,5-二甲基-2,5-二(叔丁基过氧)己烷；5—叔丁基异丙苯基过氧化物；6—二叔丁基过氧化物

用有机过氧化物硫化氯化聚乙烯时，为了提高硫化速度和硫化程度，常使用多官能团的单体作为共硫化剂（CO-Agent），应用这类配合剂后，硫化胶的撕裂强度一般会有所降低，拉伸强度会显著提高，扯断伸长率及扯断永久变形减小，如表6-11所示。

表6-11 几种含共硫化剂硫化胶性能

共硫化剂	无		TAIC		TAC		DAIC		EDMA		DAP	
硫化时间（155℃）/min	20	30	20	30	20	30	20	30	20	30	20	30
拉伸强度/MPa	17.8	19.3	21.5	21.7	21.3	21.6	20.6	21	21.6	22.5	20.5	20.7
300%定伸应力/MPa	16.4	16.7	20.1	20.1	20.2	20.1	17.8	18	18.8	19.1	17.5	17.7
伸长率/%	590	570	420	400	420	400	470	450	530	430	570	550
硬度/JIS	65	66	67	68	67	67	68	69	73	74	66	66
压缩永久变形（70℃×22h）/%	41.5		12		13.1		13.5		21		25.3	

注：TAIC——异氰尿酸三烯丙酯；TAC——氰尿酸三烯丙酯；DAIC——异氰尿酸二烯丙酯；EDMA——乙二醇二甲基烯丙酸酯；DAP——邻苯二甲酸二烯丙基酯。

表 6-11 采用的试验配方为氯化聚乙烯，100 质量份；增塑剂 DOP，20 质量份；半补强炉黑，50 质量份；环氧树脂，6 质量份；有机过氧化物（Dicug40C），5 质量份。

（5）噻二唑衍生物硫化体系

以噻二唑衍生物与醛胺缩合物组成的硫化体系进行硫化，胶料有一定的安全性，硫化速率近似于有机过氧化物硫化体系，配方中可使用芳香族矿物油，也无需价格昂贵的共硫化剂，因而胶料成本较低。噻二唑衍生物硫化体系硫化胶的力学性能介乎有机过氧化物硫化胶与硫脲硫化体系硫化胶之间，它的撕裂强度比有机过氧化物硫化体系硫化胶好得多，压缩永久变形接近于有机过氧化物硫化体系硫化胶，而优于硫脲硫化体系硫化胶，脆性温度接近于硫脲硫化体系硫化胶，而比有机过氧化物硫化体系硫化胶差些。

158. 如何设计氯磺化聚乙烯橡胶硫化体系？

氯磺化聚乙烯交联体系可分为：金属氧化物体系；多元醇；有机氮化物；环氧树脂。其中，金属氧化物交联体系最常用，也最重要。

（1）金属氧化物交联体系

这一交联体系的硫化胶拉伸强度高，耐热和耐寒性能好，压缩变形小，但胶料的焦烧时间和贮存期较短。

其至少包含三个组分：金属氧化物、有机酸、硫化促进剂。

① 金属氧化物　氧化镁、一氧化铅及三碱式马来酸铅是用于氯磺化聚乙烯交联的最适宜的金属氧化物，但后两者不符合环保要求。

用氧化镁交联胶料将获得良好的力学性能，有较高的定伸应力，特别是低永久变形性，并适用于浅色硫化胶，不过耐水性差。

一氧化铅则给予硫化胶极好的耐水性，但一氧化铅的变色性强，只适用于深色制品。提高一氧化铅用量（可高达 40 质量份），可提高硫化胶的密度。一氧化铅硫化胶的拉伸强度大大超过氧化镁。

三碱式马来酸铅也使硫化胶密度加大，但变色效应不显著，因此，可用于要求耐水溶胀良好的浅色制品。三碱式马来酸铅硫化胶的力学性能与用一氧化铅者相似。

金属氧化物的作用是多样的。就其交联作用的化学机理而言，金属氧化物首先与有机酸作用生成水，因而引发交联。然后，金属氧化物与硫化过程中释放出来的磺酸基作用，从而引起实际交联。此外，金属氧化物作为由水解释放出来的盐酸接受体，可以防止硫化胶受到损伤。金属氧化物用量往往超出实际交联的需要，以便稳定硫化胶，特别是高温条件下。为了取得特别良好的耐热性能，通常采取一氧化铅与氧化镁并用。

② 有机酸　最常用的有机酸是树脂酸（氢化松香、歧化松香酸）。纯松香酸不比复杂的树脂酸好，但氢化树脂酸是比较好的。氢化树脂酸的优点是不易氧化，不易变色。其他能用的有机酸是长链脂肪酸，如硬脂酸和月桂酸，但它们的活性比树脂酸高，容易引起焦烧。芳香酸因与氯磺化聚乙烯不相容，且硫化效果不好，故一般不使用。

③ 硫化促进剂　最常用的促进剂有2-巯基苯并噻唑、二硫化二苯并噻唑、二硫化四甲基秋兰姆、四硫化双五亚甲基秋兰姆、二苯胍、二邻甲苯胍和1,2-亚乙基硫脲等。2-巯基苯并噻唑用于氯磺化聚乙烯胶料时，其硫化速度常常比二硫化二苯并噻唑快得多，因而易导致焦烧。二硫化二苯并噻唑因硫化不够快，因而常与其他促进剂，特别是与秋兰姆和胍类促进剂并用。在秋兰姆类促进剂中，四硫化双五亚甲基秋兰姆有时比二硫化四甲基秋兰姆好用，因为前者硫化速度稍快。胍类促进剂中的二邻甲苯胍活性较大，因而经常使用。二硫化二苯并噻唑与秋兰姆和胍类促进剂并用，或以胍类促进剂代替秋兰姆，可使硫化速度加快而无多大焦烧危险性。用二硫代氨基甲酸盐交联氯磺化聚乙烯的交联速度也很快，但其他方面有严重缺点，不宜使用。醛胺类促进剂也大致与此相同，而1,2-亚乙基硫脲则特别合适，胶料的贮存稳定性较好，同时因为它的硫化时间比较短，可减少胶料的受热时间。

增加促进剂用量（正常用量为1～2质量份），而金属氧化物的正常用量（例如一氧化铅为40质量份）降低时，氯磺化聚乙烯的交联效果更为优异。这样，就可以在某种条件下，完全不用有机酸，从而大大减少加工中的困难。此外，这个方法能大大降低和减少用一氧化铅和三碱式马来酸盐制造的硫化胶的密度和毒性，还能大大改善氧化镁硫化胶的耐水性。

（2）环氧树脂交联体系

环氧树脂交联可克服用金属氧化物交联的硫化胶的缺点。环氧树脂胶料的加工安全性好，并给予硫化胶极好的力学性能，特别是硫化胶具有优良的耐水与耐热性，还有耐酸性好、压缩永久变形低、密度小和无毒等良好性能。与金属氧化物体系相比，使用环氧树脂的胶料在较低温度下的混炼时间较短，黏度降低，填充胶料粘辊的倾向减少，因而能够用较小的能量完成混炼。此外，在较高的速度下压延和压出时，能得到较平滑的压延胶片和较光滑的压出胶。不过，含环氧树脂胶料的尺寸稳定性较差，但这一缺点可以通过加入 10～15 体积份填料加以克服。

用环氧树脂交联氯磺化聚乙烯时，也必须使用促进剂，其中以二硫化二苯并噻唑、四硫化双五亚甲基秋兰姆或二硫化四甲基秋兰姆和二邻甲苯胍等促进剂最合适。

环氧当量为 175～210 的环氧树脂可以交联氯磺化聚乙烯，如环氧树脂 618，其用量为 15～20 质量份时，胶料强度和硬度高，扯断伸长率和永久变形小；用量低于 10 质量份时，胶料强度和硬度低，扯断伸长率和永久变形大，说明交联程度小；用量超过 10 质量份时，硫化胶的力学性能较好；但当用量达 25 质量份时，强度和硬度反而稍有下降，扯断伸长率稍有提高。另外，环氧树脂在胶料中还可起增塑作用。

（3）多元醇交联体系

用于交联氯磺化聚乙烯的多元醇主要有三类：季戊四醇、二季戊四醇、三季戊四醇；聚乙烯醇、山梨糖醇；1-辛醇、1-二癸醇等。

第一类多元醇的特点是交联活性高；第二类多元醇能提供性能良好的硫化胶，而其中有两个伯羟基和四个仲羟基的山梨糖醇优于聚乙烯醇；第三类多元醇制得的硫化胶质量较差。季戊四醇交联体系包括季戊四醇、含硫促进剂和金属氧化物（通常为氧化镁）。这种体系硫化胶的特点是拉伸强度低，耐热老化性能差，压缩变形大，但胶料的工艺性能好，没有焦烧危险，而且可以制造白色制品，只是硫化胶表面易出现斑纹而不美观。对此，除在配方中适当加入酸接受体（如氧化镁）外，在不影响胶料性能的前提下，也可适当延长硫化时间。此外，季戊四醇为高熔点晶体，在胶料中难以均匀分散，需用 120～180 目筛网过筛成细粉末状后，方可加入胶料中。季戊四醇的用量在 1.5～4.0 质量份时，随用量增加，硫化胶的强度及硬度提高，扯断伸长率及永久变形减小，耐水性降低，但对压缩变形、焦烧等的性能影响不大。

（4）有机氮化物交联体系

有机氮化物交联主要指聚酰胺树脂和二元胺。在碱性物质（如尿素、硫脲、脲、异氰酸酯、硫氰酸酯等）的存在下，多羟基化合物及硫黄、秋兰姆等都具有硫化的能力。用有机氮化物作交联剂时，为了使交联正常进行，需要有某种能与释放出来的氯化氢生成不溶性氯化物的酸接受体。用有机氮化物交联所得的硫化胶比用金属氧化物交联的硫化胶柔软，定伸应力低，吸湿性较大，对于耐老化性能，两者则无甚差别。在此交联体系的胶料中加入一定量的补强填充剂，同样可提高胶料的拉伸强度。加有填料的胶料仍保持较好的耐低温性能，但胶料的耐油、耐水性比用环氧树脂交联的硫化胶差，有严重的早期硫化现象，硫化胶收缩率及压缩变形大。

159. 如何设计溴化丁基橡胶硫化体系？

溴化丁基橡胶的硫化体系与氯化丁基橡胶的硫化体系差不多。由于 C—Br 比 C—Cl 键弱，易于断键，无论是硫化速度、黏着性，还是硫化胶的耐老化性能均优于氯化丁基橡胶，在配合时应注意这一区别。若直接将氯化丁基橡胶所用的硫化体系用于溴化丁基橡胶往往使胶料发生焦烧。常见硫化体系见表 6-12。

表 6-12　溴化丁基橡胶典型硫化体系

硫化体系	推荐用量/质量份	适用范围
ZnO TMTD	3.0 0.2～0.5	耐热胶料。内衬层胶、医用瓶塞及工业制品
ZnO Sp-1045(活性酚醛树脂)	3.0 0.6～0.7	耐热工业制品,低树脂含量适于大多数应用,高树脂含量适于制造高定伸应力、低压缩永久变形制品
ZnO ZDC	3.0 0.2～0.5	耐热胶管、轮胎内衬层胶、医用瓶塞及工业制品
ZnO TMTD DM(MBTS)	3.0 0.2～1.0 0.5～1.25	适用于 100%溴化丁基胶或并用胶
ZnO 二硫代二吗啉 S	3.0 0.75～1.5 0.5～1.0	适用于溴化丁基胶/天然胶、溴化丁基胶/天然胶/乙丙胶的并用胶。作胎侧胶和内衬层胶
ZnO MBTS (DM) S	3.0 0.75～1.25 2.0～0.5	适用于溴化丁基胶/丁苯胶/天然胶并用胶。作内衬层胶和一般的工业制品
ZnO TBBS(次磺酰胺类促进剂) TMTD S	3.0 0.75～1.5 0.1～0.3 0.5～1.0	溴化丁基胶/天然胶并用胶。作轮胎的胎侧胶和内衬层胶

对于罐槽衬里的热水硫化和低软化点材料贴覆胶层的硫化等，往往需要采用 100℃以下的低温硫化。

对于卤化丁基橡胶的低温硫化，已知硫化体系有硫脲、二硫代氨基甲酸锌与氯化锌、氯化锡并用，以及二硫代氨基甲酸碲（促进剂 TTTE）与 *N,N*-二乙基硫脲（促进剂 EUR）并用。

促进剂 ZIX（异丙基黄原酸锌）、促进剂 EUR、氯化锌、氯化锡分别与促进剂 TTTE 并用均可低温（100℃）硫化，其中促进剂 TTTE 与促进剂 ZIX 并用硫化体系的硫化速度较快，低温硫化性能优异；促进剂 TTTE 与氯化锌、氯化锡并用体系的硫化速度也较快，但氯化锌和氯化锡有吸湿性和金属腐蚀性，而且分散性也较差。

160. 如何设计氯化丁基橡胶硫化体系?

氯化丁基橡胶硫化体系有氧化锌硫化体系、秋兰姆和秋兰姆-噻唑硫化体系、二硫代氨基甲酸盐类硫化体系、胺及硫脲类硫化体系、Permalux 硫化体系、树脂硫化体系、硫黄硫化体系等。

① 氧化锌硫化体系　氯化丁基橡胶分子链中含有活泼的氯，只用氧化锌便可以进行硫化。氧化锌硫化体系主要是由氧化锌和硬脂酸组成，氧化锌使用 3 质量份即能充分硫化，通常使用 5 质量份。活性氧化锌的硫化速度慢，但硫化胶的拉伸强度和硫化程度高。单用氧化锌硫化时，一般硫化程度低。硫化速度可用硬脂酸来调节，使用 1 质量份，硫化速度即可以大大提高。

采用氧化锌在低于 180℃下硫化时，不会产生返原现象，但硫化程度随硫化温度升高而逐渐下降。

该体系的优点是不用有机促进剂就可以硫化，并且硫化胶毒性小，耐热性良好，不易硫化返原。缺点是硫化速度慢，硫化程度低。

② 秋兰姆和秋兰姆-噻唑硫化体系　本硫化体系包含能放出自由硫的秋兰姆类促进剂（主要是 TDTM）、金属氧化物（氧化锌、氧化镁）和噻唑类促进剂（DM、M）。当促进剂 TMTD 与氧化锌并用时，促进剂 TMTD 主要与氯化丁基橡胶双键部位的碳原子反应，形成碳-硫交联键。若只用促进剂 TMTD，则胶料的硫化速度非常高，但容易焦烧，硫化交联紧密而伸长率低。秋兰姆与氧化镁或促进剂 DM 并用时，既能控制焦烧又能改善力学性能，扯断伸长率和撕裂强度均有提高，但定伸应力和拉伸强度有所降低。经典配合为：促进剂 TMTD 1 质量份，促进剂 DM 2 质量份，氧化锌 5 质量份，氧化镁 0.25 质量份。该体系的优点是耐热性和拉伸强度高，适用于氯化丁基橡胶通用配方。

③ 二硫代氨基甲酸盐类硫化体系　促进剂为碲盐和镉盐时，硫化胶耐热性能特别好；锌盐（ZDC）和氧化锌并用时，胶料硫化速度快，易焦烧，硫化胶定伸应力非常高，压缩永久变形特别小；锌盐与氧化镁并用时，能延长焦烧时间，但随氧化镁用量增大，压缩永久变形变差。其经典配方为：氧化锌用量 5 质

量份左右，氧化镁用量为0.1~0.4质量份，促进剂ZDC 1~2质量份。

④ 胺及硫脲类硫化体系 氯化丁基橡胶可用二元胺或硫脲进行硫化。就硫化来说，可以不加氧化锌而能提高耐热性。胺类硫化的硫化胶的耐臭氧性能特别好。1,2-亚乙基硫脲（ETU）、二乙基硫脲（DET）等硫脲类硫化的硫化胶，拉伸强度低，定伸应力高。EUR硫化速度快，硫化胶交联密度大。而且EUR和超速促进剂并用时，可在低温下硫化；该硫化体系焦烧时间短，为了兼顾硫化速度，可用促进剂DM或氧化镁来调整焦烧时间。用促进剂ETU硫化可采用的配方为：促进剂ETU 2质量份，氧化镁 1质量份。用EUR硫化的配方为：EUR 4质量份，氧化锌 5质量份，硫黄 0.95质量份。该硫化体系硫化速度快，用于白色配方的力学性能优良。

⑤ Permalux硫化体系 氯化丁基橡胶采用二邻苯二酚硼酸的二邻甲苯胍盐（Permalux）硫化时硫化速度非常快。该体系硫化很易焦烧，但可用促进剂M、D、DOTG来调节，也可用氧化镁迟延焦烧。由于Permalux能使硫化非常充分，所以耐矿物油最好。一般配合为：Permalux 2质量份，氧化镁 2质量份，氧化锌 5质量份。优点是耐油、耐水、耐水蒸气性好。缺点是胶料易焦烧，硫化胶撕裂强度和拉伸强度低。

⑥ 树脂硫化体系 氯化丁基橡胶采用烷基酚醛树脂和溴化烷基酚醛树脂硫化，硫化速度比普通丁基橡胶快，硫化充分。树脂用量3~6质量份即可。使用溴化树脂易于分散，硫化胶耐热性良好，老化后的拉伸强度保持率较高，而伸长率保持率比氧化锌硫化的低。因树脂硫化焦烧时间短，故必须加入二氧化镁或二苯胍延长焦烧时间，后者的力学性能下降比前者小。硫黄也有防止焦烧的作用，力学性能下降也小。

树脂硫化的一般配合为：树脂4~5质量份，氧化镁6质量份，促进剂DM 2质量份。

树脂硫化的氯化丁基硫化胶，定伸应力高，压缩永久变形、耐屈挠性能和抗臭氧性能都很好，但扯断伸长率和抗撕裂性能低。老化后扯断伸长率和抗撕裂性能也低。适用于要求抗臭氧的制品。

⑦ 硫黄硫化体系 氯化丁基橡胶采用硫黄硫化，若并用秋兰姆或秋兰姆-噻唑类促进剂能加速硫化，硫化胶拉伸强度和定伸应力较高，但耐热、耐臭氧和耐屈挠等性能比其他硫化体系差。在硫化体系相同时，硫化速度比丁基橡胶快。氯化丁基橡胶与丁基橡胶并用能提高后者的硫化速度。适于与其他橡胶并用的配方为：硫黄2质量份，氧化锌5质量份，促进剂TMTD 1质量份，促进剂DM 1质量份。

161. 如何设计氢化丁腈橡胶硫化体系?

氢化丁腈橡胶可采用过氧化物、硫黄、树脂硫化体系。双键质量分数小于 1% 的牌号，只能采用过氧化物硫化，为达到所需要的交联密度，也必须提高过氧化物的用量（为丁腈橡胶的 2～3 倍）。残余双键质量分数大于 5% 的牌号，可采用过氧化物硫化或硫黄硫化。硫黄交联键多为多硫键和双硫键。多硫键在热化学作用下不稳定，影响硫化胶的热老化性能，但有较高的弹性、伸长率、撕裂强度和拉伸强度。过氧化物交联键为 C—C 键，键能高，硫化胶耐热性好，耐热老化性能较佳，老化后伸长率的保持率较高，模量较高，耐硫化返原性好，具有更好的动态力学性能和压缩永久变形小。

几种硫化体系代表配合如下：

① 硫黄硫化体系：硫黄，0.5 质量份；促进剂 DM，0.5 质量份；促进剂 CZ，1 质量份；促进剂 TT，1.5 质量份；氧化锌，5 质量份；硬脂酸，1 质量份。

② 树脂硫化体系：树脂 HY-2055，20 质量份；碱式碳酸锌，2 质量份；硬脂酸，0.5 质量份。

③ 过氧化物硫化体系：双 25，5 质量份；助交联剂 TAIC，5 质量份；氧化锌，3 质量份；硬脂酸，0.5 质量份。

常用的过氧化物有过氧化二异丙苯（DCP）、2,5-二甲基-2,5 二（叔丁基过氧）己烷（双 25）（BDPMH）、双叔丁基过氧化二异丙基苯（BIPB）（无味 DCP），单一过氧化物硫化体系存在着硫化时间长、生产效率低的弊病。在过氧化物硫化体系中加入活性硫化助剂也是一种非常简便有效的解决方法，此类助剂一般为含多官能团的化合物，在自由基存在下具有较高的反应活性，不仅可以显著提高过氧化物硫化体系的交联效率和硫化速率，还可以改善硫化胶的力学性能、耐热老化性能、电性能，显著改善压缩永久变形性能，提高硬度等，但扯断伸长率明显降低，常用的助交联剂有 N,N'-间苯亚基双马来酰亚胺（HVA-2 或 MPBM）（2～3 质量份）、异氰尿酸三烯丙酯（TAIC）（2～5 质量份）、三羟甲基丙烷三丙烯酸酯（TMPTA）、乙烯基聚丁二烯（1,2-PB）、硫黄等。

以 BDPMH 为硫化剂，TAIC 为助硫化剂，制备了具有低压缩永久变形、优异力学性能的氢化丁腈橡胶硫化胶。增加硫化剂用量，以及在其较小用量下添加 TAIC，可进一步降低氢化丁腈橡胶硫化胶的压缩永久变形。

使用 HVA-2 可使硫化胶产生最小的压缩永久变形。就焦烧安全性和物理性能而言，异氰尿酸三烯丙酯（TAIC）能使硫化胶获得最佳的综合性能。用乙烯基聚丁二烯作为助交联剂且用量为 4 质量份时，在提高拉伸强度和增加硫化胶硬度的同时，显著降低了压缩永久变形。在 150℃×72h 热空气老化条件下，与不加助交联剂的硫化胶相比，加 4 质量份乙烯基聚丁二烯的硫化胶，无论是硬度、强度还是扯断伸长率均可保持较好的性能指标。

加入交联助剂三羟甲基丙烷三丙烯酸酯（TMPTA）、N,N'-间苯基双马来酰亚胺 （MPBM）均可使氢化丁腈橡胶综合力学性能明显提高。在氢化丁腈橡胶中加入适量的 MPBM 可提高耐热氧老化性能。加入适量的 TMPTA 有助于提高氢化丁腈橡胶的抗臭氧老化性能，同时不损害其耐热氧老化性能。在氢化丁腈橡胶中分别加入以上两种助剂，可显著提高其热分解温度、起始失重温度、最大失重温度和失重终止温度。

在过氧化物硫化体系中应避免使用酸性组分，以免酸性配料组分对硫化产生不利影响。如采用非炭黑填料时，则需加入活化剂以改善聚合物的交联。

加入 MgO 和 ZnO 可改善氢化丁腈橡胶的交联性能，同时可改善其耐压缩变形性和热空气贮存性。配方中加入 7%～8%过氧化物和 1%的硫化促进剂可明显改善硫化胶的力学性能和耐压缩变形性。

采用过氧化物硫化体系，可提高加工温度，使加工过程更易于进行，采用模具压缩、模具注射加工方法制造形状复杂的制品时则应使用脱模剂，通过选择过氧化物可调整加工安全性。一般焦烧时间为 15min/140℃，硫化温度为 160～170℃。

为改善氢化丁腈橡胶的耐压缩变形，通常采用二次硫化。例如 Therban 在 150℃下二次硫化 6h，可获得满意结果。

过氧化物的选择取决于焦烧安全性、硫化温度、硫化周期的限制。随着过氧化物用量的增加，定伸应力会增大，而拉伸强度、耐热空气老化性能、硬度等基本不变。

对于部分氢化的氢化丁腈橡胶来说，虽然可以用硫黄交联，但要得到相对高的交联速度和密度，就需选择合适的促进剂并增大用量。另外，对于双键含量较高的氢化丁腈橡胶，采用低硫高促的硫化体系，也可获得具有较高耐热性和良好力学性能的硫化胶。在有效硫化体系胶料配方中再加入 ZnO 后会使它们的焦烧时间延长。

第**7**章

其 他

162. 使丁腈橡胶邵氏 A 硬度为 30~35，拉伸强度大于 8MPa，伸长率大于 1200%的配方该用什么原料？

用充油丁腈橡胶，充油量在 50 质量份以上。

用普通丁腈橡胶，增塑剂用量 70 质量份左右。

填料以少量 N330 炭黑（10~20 质量份），并用多量喷雾炭黑、N880 炭黑、N990 炭黑（20~40 质量份）。

163. 橡胶线配方中用什么填料？

橡胶线主要要求强度高、伸长率大，呈本色。

填料可以使用补强的白炭黑、陶土、滑石粉，用量 40~80 质量份。

如果是按质量计的产品，可以用密度大的填料。

如果算体积成本，密度小的填料好。

164. 如何使硫化胶表面有黏性？

主要以丁基橡胶，包括氯化丁基橡胶、溴化丁基橡胶为主材。

加入 10~30 质量份低分子量聚异丁烯。

多加些增黏树脂，不加石蜡之类的软化剂。

利用极性不同相容性差的原理，在丁基橡胶中加入环氧树脂，黏性勉强合格，但强度太差，且有欠硫感觉。

硫化时可适当欠硫。

165. 电器进水，想用胶密封，且使用温度高达 150℃，选用什么胶？

要求不高时可以用三元乙丙橡胶、丁基橡胶，配方成本较低。

要求高的用硅胶，硅胶具有绝缘、防水、润滑、抗高温、抗老化、抗化学和物理惰性，以及抗紫外线辐射的特性。

166. 橡胶硫化胶，需要做哪些测试可以大致得到该硫化胶的成分？

通过热失重、红外质谱就可以得到该硫化胶大致有哪些成分，但只能分析出材料种类，不能分析出具体品种，如能测出胶料中有炭黑及用量，不能分析是炭黑 N220 还是炭黑 N330，同时也不能知道是哪个炭黑企业生产的及其等级。

167. 为何混炼胶供应商加工的胶料密度较大？

这是一个经济问题。从制品的角度来看，制品的尺寸一定，因而其体积是恒定的，提高利润降低成本，追求的是胶料的体积成本，而不是胶料的质量成本。同一制品，同样性能，采用 A 配方，单件质量可能 1000g；采用 B 配方单件质量可能 1200g，但卖出的是一个价。而外购混炼胶的时候，一般是以每千克多少元计，供应商追求的是胶料的质量成本，不是体积成本，所填充填料密度大、用量较大（含胶率较低）。因此采购时在满足性能的前提下，必须考虑密度和价格两个因素，相同单位体积成本等于单位质量成本与胶料密度的比值。至于含胶率是多少，如果是浅色胶料，橡胶是可燃的，灼烧残渣质量基本上就是填料质量，燃烧部分可粗略认为是橡胶部分，基本上可以估计出含胶率。对黑色胶料可以用热重分析仪来测定。密度与含胶率有直接关系，但还是主要取决于填料密度。

如炭黑相对密度 1.8，碳酸钙相对密度 2.7，硫酸钡相对密度 4.2，100 质量份天然橡胶中填充 50 质量份，暂不考虑其他配合剂，三种胶料的相对密度分别为：

炭黑填充胶料：

$$\rho = \frac{100+50}{\dfrac{100}{0.96}+\dfrac{50}{1.8}} = \frac{150}{131.9444} = 1.1368$$

碳酸钙填充胶料：

$$\rho = \frac{100+50}{\dfrac{100}{0.96}+\dfrac{50}{2.7}} = \frac{150}{122.6852} = 1.2226$$

硫酸钡填充胶料：

$$\rho = \frac{100+50}{\dfrac{100}{0.96}+\dfrac{50}{4.2}} = \frac{150}{116.0714} = 1.2923$$

168. 为何汽车密封条比较重？

降低胶料成本的主要途径是降低含胶率，而降低含胶率一般加入诸如碳酸钙、陶土之类的低价格的填料，这些填料的密度较大，会造成胶料的密度增加，同样产品的用胶质量增加，但总的胶料成本下降。另外低价格填料往往补强性很小，多数无补强性，较多使用这些填料会使胶料强度、弹性、加工性能变差，有时不一定合算，关键是要找到一个平衡点，这需要做大量的工作。

169. 如何分析一个橡胶的配方？

可从下面几个方面分析：

① 明确配方组成是否完整，一般胶料配方都是由生胶体系、硫化体系、填料体系组成。

② 明确制品使用方法、用途和条件、受力形式、主要损坏形式。

③ 明确胶料主要性能要求。

④ 所用材料是否与性能要求一致，是否与主胶适应。

⑤ 材料是否齐全，特别是硫化体系。

⑥ 配合剂是否与生胶匹配。

⑦ 用量是否在正常范围。

170. 肉色的半透明橡胶产品是怎么配出来的？

以天然胶（必须是干净烟片 1 号、2 号、3 号且要去包胶，或者是 3 号、5 号标准胶）或其他本身就是淡黄色的橡胶为生胶体系。

少量加入透明级白炭黑或其他透明类填充剂。

普通硫黄硫化体系。氧化锌用透明氧化锌、碳酸锌。混炼时温度适当高些。

肉色有深浅，较深可用很少量的透明黄+鲜大红+塑料黑 3 种颜料配出。

171. 同样的配方，为什么做出来的橡胶的硬度不一样?

同样的配方，做出来的橡胶的性能不一样的原因较多，常见有下面几种:

① 原材料生产厂家变化。

② 同厂家型号不一。

③ 同型号批次不同。

④ 配料时出现错误(多配、少配、错配、漏配)。

⑤ 混炼时出现错误(多加、重加、少加、错加、漏加;工艺条件变化、波动、工艺方法变化)。

⑥ 硫化时硫化条件变化、工艺操作变化。

检查原因时最好先稳定工艺，查配方中哪些材料变化了。可用替代法、缺项法、专门处理法等方法排查;也可稳定配方查工艺。

172. 如何配制健身器材橡胶?

配方重点在高伸长率，好的抗疲劳性(50000次试验不断)，硬度一般在55左右。

生胶以NR、SBR、BR为主，单用或并用，采用非自补强性橡胶与自补强性橡胶并用的方式，改善裂纹的扩张，改善疲劳性。

硫化体系用EV较合适，高硫低促较好，不宜使用促进剂D等老化性能不好的促进剂。硫化速度不要过快，否则容易造成交联键的应力集中，因此对硫化程度也要注意把握，使用硫化平坦性较好的噻唑类和次磺酰胺类促进剂比较合适。

改善生热，用低粒径、低结构度炭黑，保证高伸长率的同时，强度也得以兼顾。并用部分白炭黑，粒径不能太小，沉淀法即可。含胶量要保持较高才行，至少要在40%~50%。

173. 要想使橡胶散热快，可添加什么物质?

橡胶是热的不良导体，配方上可添加下列物质改善胶料的导热性:

① 金属粉，如铁粉、铜粉、铝粉、铅粉等。

② 金属氧化物，如氧化铁、氧化铝、氧化锌、氧化镁等，纯度尽可能高些。

③ 石墨粉。

④ 碳纤维或金属氧化物的晶须。

174. 硬度 20 以下胶辊配方应该注意什么?

低硬度胶辊胶料配方设计要点如下:

尽量采用高充油橡胶。

可使用低聚合的液体橡胶。

液体软化剂用量不能太多,防止胶辊硫化时下坠及出现针孔。

可增加油膏的用量,加些树脂软化剂如古马隆、石油树脂。

保证配合剂分散均匀。配方中增塑剂太多,导致剪切力太小,易分散不均。

混炼时一定要先将部分油加入生胶后再混入其他配合剂。

加强硫化体系,并用一些超速促进剂,把硫化速度调快一些。

175. PAHs 检测要求是什么?

多环芳烃（PAHs）主要的十八种化合物为:萘、苊烯、苊、芴、菲、蒽、荧蒽、芘、苯并[a]蒽、䓛、苯并[b]荧蒽、苯并[k]荧蒽、苯并[a]芘、茚并[1,2,3-cd]芘、二苯并[a,h]蒽、苯并[g,h,i]苝、1-甲基萘、2-甲基萘。

美国环境保护署（EPA）关注的 16 种多环芳烃（PAHs）如下:

naphthalene　萘

acenaphthylene　苊烯

acenaphthene　苊

fluorene　芴

phenanthrene　菲

anthracene　蒽

fluoranthene　荧蒽

pyrene　芘

benzo[a]anthracene　苯并[a]蒽

chrysene　䓛

benzo[b]fluoranthene　苯并[b]荧蒽

benzo[k]fluoranthene　苯并[k]荧蒽

benzo[a]pyrene　苯并[a]芘

indeno[1,2,3-cd]pyrene　茚并[1,2,3-cd]芘

dibenzo[a,h]anthracene　二苯并[a,h]蒽

benzo[g,h,i]perylene　苯并[g,h,i]苝

到目前为止,各国家地区通过书面法律或法令确定下来的如下。

欧盟：76/769/EEC、REACH 法规。

德国（German）：GS 认证、LFGB。

美国（US）：EPA。

中国：GB，GB/T，GHZ。

SVHC 测试：根据欧盟 REACH（《化学品的注册、评估、授权和限制》）法规规定，列入 SHVC 清单的物质超过 0.1%时需要向 ECHA（欧洲化学品管理署）进行 SVHC 通报。其中包括 6 项。

蒽油　90640-80-5。

蒽油，蒽糊，轻油　91995-17-4。

蒽油，蒽糊，蒽馏分　91995-15-2。

蒽油，低蒽　90640-82-7。

蒽油，蒽糊　90640-81-6。

高温煤焦沥青　65996-93-2。

消费品测试：根据德国技术设备及消费品委员会（ATAV）的决定，对于 2008 年 4 月 1 日之后进行 GS 认证的产品，必须测试美国环境保护署（EPA）关注的 16 种多环芳香烃（PAHs）以确保符合相关要求，而对于 2008 年 4 月 1 日前已获得认证的产品，则必须在 1 年内进行针对 PAHs 的风险分析，如不能符合 PAHs 相关规定的产品将被撤销认证。

德国 PAHs 的限值如下：根据新规定的要求，消费产品的材料中，PAHs 的限值必须符合下列规定。

一类：与食物接触的材料或三岁以下孩童会放入口中的物品和玩具。

BaP：小于 0.2mg/kg，16 项 PAHs 总和：小于 0.2mg/kg。

二类：经常和皮肤接触的塑料部件，接触时间超过 30s 的部件，以及一类中未规范的玩具。

BaP：小于 1mg/kg，16 项 PAHs 总和：小于 10mg/kg。

三类：偶尔接触的塑料部件，与皮肤接触时间少于 30s 的部件，或与皮肤没有接触的部件。

BaP：小于 20mg/kg，16 项 PAHs 总和：小于 200mg/kg。

若测试结果大于一类但符合二类的限值，需再根据 DIN EN1186 及 64 LFBG80.30-1 的迁移性测试确认测试结果。

美国环境保护署列管 PAHs 的限值如下：

PAHs 16 项综合　10～200mg/kg；

苯并[a]芘　1～20mg/kg。

176. 降低 PAHs 值要注意什么?

多环芳烃主要在炭黑里面,可采用低芳香烃炭黑。一般炭黑供应商都能提供炭黑的 PAHs 值。

计算时采用以下公式:

PAHs=(炭黑的 PAHs 值×炭黑的质量份)/除以配方总质量份

操作油、防老剂或充油胶里充油的成分要搞清楚,可换用石蜡油。

含有较多萘和菲的橡胶配合剂有 TMTD 和 D,尽量避免使用,可换成 CZ。

177. 工程胎面 NR/BR/SBR 并用,T_{10} 延长至 6min 以上如何调整?

调整要点:

适度调整生胶的配比,天然橡胶硫化快,丁苯橡胶硫化慢,因此可适度增加丁苯橡胶的比例。

少量使用 CTP、水杨酸抑制硫化速度。

适当降低门尼黏度。

调整填料与油的配比,炭黑有焦烧倾向,白炭黑、油延迟焦烧。

略微减少炭黑用量,同时加少量油与白炭黑以不减少硬度。

减少硫黄用量,加促进剂与硫载体如 DTDM,但要保持原物性有些困难。

178. 使制品在表面光滑的条件下,具有消光(亚光)效果的方法有哪些?

(1)模具

模具喷砂处理,原理是模压件表面形成许多微小均匀的突起,不再是镜面,光线只会进行漫反射,所以达到消光效果。但喷砂消光效果不太好掌握。

模具喷涂,选择亚光型的涂料,原理与上面讲的相似,喷涂效果会更好些。但是要求涂料附着力要强,物理性能要强,否则得不偿失。

模具表面进行酸处理,也可实现消光效果。此外,也可以对模具表面进行磷化处理。

(2)配方

增加粗粒子原料,增加油料。

（3）工艺

采用亚光和油光型内脱模剂。

成型好的半成品在亚光液里面浸泡一下，取出后，热空气或蒸汽硫化。

成品和陶瓷混合研磨，适用于小制品。

制品表面用处理剂处理。

179. 有亚光要求的挤出产品该怎么做？

配方上可用下列方法：

浅色胶料中多添加一些粒径大的矿质填料。

加一定量的硫化油膏。

含胶率高。

此外白炭黑、石蜡油、石蜡、顺丁橡胶都是做消光油的材料。硬脂酸锌是一种消光剂。

工艺上可用下列方法：

对口模进行处理，先用细号水砂纸打磨、抛光，再用卤素预处理，表面光滑而且不会光亮。

硫化时间长一点。

趁热过水槽，表面一定失光泽，暗淡。

产品表面打滑石粉、土，然后认真擦干净。

180. 如何设计天然橡胶相对密度小于 1 的配方？

配方设计的选材原则：相对密度小于 1 的材料多用，相对密度大于 1 的材料少用或不用。依据上述原则，天然橡胶中氧化锌、硫黄、填料在保证基本性能的前提下尽可能少用。氧化锌用量 1～3 质量份，硫黄用量 1～2 质量份。不用重密度配合剂，如陶土、硫酸钡、钛白粉、锌钡白，填料是以轻质配合剂为主，如木质素、木粉。软化剂尽可能多用石油系列。

181. 厚制品硫化体系如何设计？

厚制品胶料硫化特性是焦烧时间（T_{10}）短，硫化时间（T_{90}）长。普通厚制品胶料的硫化体系一般用低硫高促硫黄硫化体系和后效性促进剂，采用低温慢速硫化，且保证足够的焦烧时间。如 CZ 1.5/ TMTM 0.5/S 1.3，D 0.3/CZ 1.5/DM 1.0/S 1.5。二乙基二硫代氨基甲酸碲（促进剂 TE），适合做厚制品。

182. 天然橡胶能达到拉伸 20% 置于 40℃×50pphm（1pphm= 10^{-8}）的臭氧中 200h 不龟裂吗？

可以做到，应注意下列事项：

单用天然橡胶，可少量并用氯丁橡胶、三元乙丙橡胶。

普通硫黄硫化体系。

采用优质防老剂并增加防老剂的用量，品种以 4010NA、4020[N-(1,3-二甲基）丁基-N'-苯基对苯二胺]、NBC、3100（N,N'-二甲苯基对苯二胺）、DNP 等抗臭氧型防老剂为主，并用一些普通防老剂如 RD、AW、BLE、MB 等，同时采用微晶蜡。总用量在 5～6 质量份以上。

183. 如何提高硫化胶的耐热压缩性能？

橡胶压缩性能主要取决于橡胶类型、交联键结构和密度以及试验条件，填充剂、增塑剂、防老剂和其他配合剂的影响次之。

设计配方时应该注意：

① 交联键结构　多硫键易分解，耐热性差，要尽量避免高硫低促体系。单硫键，分解温度高，耐热性好，所以硫黄硫化时要尽量使用低硫高促体系。碳碳键分解温度更高，耐热性最好，所以最好用 DCP-S 体系。

② 交联密度　交联密度大，永久变形小。由于永久变形为分子链间发生黏性流动所致，因此交联键可以避免分子间的相对滑移，减小永久变形。在设计配方时，可以适当增加硫化体系的用量来提高交联密度，ZnO、硬脂酸的用量增加也会适当地提高交联密度。使用过氧化物硫化时加入交联助剂也会很有帮助。

③ 温度　要提高抗压变，首先看使用温度。常温下使用，主要目标是提高交联密度和回弹性；高温下使用，主要目标除了提高交联密度外，还要同时提高耐热性。

配方设计要点如下。

生胶：选门尼黏度大的牌号，即分子量大的。

硫化体系：选硫化密度高和交联键键能高的，一般过氧化物>有效>半有效>常规（抗压变性）。

油：油不一定增加压变，要依具体配方而定，有的少加些反而能增加压变。

填料：有人说要选用粗粒子、弹性好的炭黑，实际不然，尤其是对于高温下的压缩，还是要具体根据不同的配方尤其是胶种来看。压缩量也很关键，一般设计压缩量都小于30%。实际上如果配方不合适，压多了产品寿命反而短。

以丁腈橡胶为例：

在硫化体系等相同的条件下，含胶量高的压变相对较好。相对于有效硫化体系、半有效硫化体系以及常规硫化体系而言，过氧化物硫化的制品的压缩永久变形相对较小。为了获得较为理想的压变性能，除了用过氧化物硫化以外，还得适当用一些助交联剂，例如：少量的硫黄，适量TAIC等。

门尼黏度较高且分子量分布较窄的压变会好一些。

丁腈橡胶中的丙烯腈含量不能过高。

在能够满足强度等指标的前提下尽量用一些结构性比较高，但比表面积又不是很大的炭黑。

在必须较大量使用软化剂的情况下，尽量选择溶解度参数相近的品种。

防老剂品种及用量视使用条件而定。

各种材料要确保分散良好。

要确保硫化深度。必要时可选择二次硫化。

制品的密实度也是影响压变的一个重要因素。

184. 如何设计防冻液胶料配方？

防冻液成分主要是乙二醇，甘油，甲醇和蒸馏水，一般都是乙二醇/水=50/50的混合液，属于极性介质。配方设计要点：

生胶以三元乙丙橡胶最好。

过氧化物硫化，以DCP较好，可以用少量硫黄（0.3质量份）进行调节。

炭黑以N220或N330为主，用量控制在45质量份左右。

少量石蜡油作为软化剂。

185. 如何对一个配方进行分析？

邵氏A硬度38的三元乙丙橡胶压缩永久变形要低于40%（100℃×22h），其配方如下。

EP4436 100质量份、N550 50质量份、$CaCO_3$ 80质量份、P300 70质量份、ZnO 5质量份、SA 1质量份、PEG-4000 1质量份、S 1.5质量份、EG-3 4.0质量份。

分析：

因为硬度较低，选择充油胶是对的，但充油胶乙烯含量较高，不适合做低压变的产品，可以并用一定的乙烯含量较低，门尼黏度较高的牌号，如 DSMK 8340A、K 4703、K 4903、512X50、朗盛的 8850 等。分子量分布要窄些，选用 100%充油和非充油并用，不能只用充 50%油的生胶。含胶率不能太低。

CaCO₃ 用得太多，N550 可以减少一点用量，并用一定量的半补强炉黑比较好，如 N770，N774，并用一定量的 N990 更好。也可选用热裂法炭黑（MT）和半补强炭黑（SRF）并用。

硫化体系用过氧化物硫化更好，硫化剂只用 DCP，用量可为 5 质量份，以保证交联度。有效硫化体系也可以，但硫黄的用量要少，最好在 0.3 质量份左右，可以用一些硫载体。

只用石蜡油，压变无法达到要求，最好少用，可选用 P300 和机油（最好是 32 号）并用，若硬度很好解决，就只用机油，注意喷油。

加工助剂要少加，在不影响工艺性能的前提下最好不加。

实现二次硫化，压变会好一些。

186. 耐 70%浓硫酸的胶料配方要注意什么?

耐酸胶料配方主要考虑胶种和填充剂。对于耐 70%浓硫酸的普通胶可选择三元乙丙橡胶和丁基橡胶。要求高可选用 FKM。

填充首选惰性填充，如滑石粉、硫酸钡等，用量大些。

187. 如何增加制品表面亮度?

提高产品表面亮度的方法主要有模具打光和调整胶料配方。

普通胶中掺用低丙烯腈含量的丁腈橡胶，可以提高回弹性，而且还不用考虑跟其他胶并用时的相容性以及共硫化的问题，可提高制品表面光亮。

并用顺丁橡、氯丁橡、天然橡胶，加 1 质量份微晶蜡和分散剂，表面外观都有改善。

EP 蜡增加光亮，生胶选低丙烯腈含量、高门尼黏度，炭黑选 774、喷雾并用，优选 CV 硫化体系，含胶率达 45%以上，少用增塑剂，不需要并用生胶。

188. 氧指数 26% 以上天然橡胶如何配合达到阻燃效果?

最好的方法是并用氯丁橡胶。也可以几种阻燃剂并用，如氢氧化铝+硼酸锌，氯化石蜡+三氧化二锑+硼酸锌+氢氧化铝等。

189. 如何实现微孔发泡?

① 采用微球发泡。这种发泡剂是热塑性树脂包裹着液态的烃类物质,加热时,外面的树脂软化,里面的液体汽化,压力变大,就像气球一样被吹起来了。发泡后外壳不会破碎,气体还会留在里面。温度降低时,外壳变硬不会缩回去。其发泡特别均匀,而且由于没有新的物质生成,且气体并没有跑出来,所以没有异味。微球发泡剂发泡后,弹性并不好。

② 大量单用 AC,就能发出细密的小孔。三元乙丙橡胶可以使用 HR69-50 或者 HR69-70 发泡专用油。

190. 为何测定胶料的玻璃化转变温度和脆性温度不同?

试验方法不一样,一般玻璃化转变温度用 DSC 测试,脆性温度是用脆性温度测试仪测试的,而且脆性温度测试有单试样法和多试样法两种,其测定的结果也不一样。

191. 如何提高天然橡胶与丁苯橡胶并用的产品耐候性?

提高老化性能最根本的方法是改变胶种,在满足性能要求的前提下,天然胶与丁苯胶并用时可以制作耐候性的产品。但要注意下面几点:

减少并用胶中天然橡胶含量,这是因为天然橡胶中活性大的杂质成分使得天然橡胶耐老化性最差。

适量并用三元乙丙橡胶、氯丁橡胶。

加强防老化体系。建议防老剂用量在 3 质量份以上,品种可选 6PPD、4010NA+RD+微晶蜡。户外紫外线防护,以微晶蜡为优,其迁移到表面,形成保护膜,发挥防护作用。

192. 胶料调色都要考虑哪些问题?

胶料调色要考虑如下几个问题:

要考虑其他配合剂和硫化工艺等对颜色的影响。

要考虑色料(着色剂)的色相(这个很关键),着色力和色料的耐高温情况的影响。

一般深色胶好调,都是用白色打底,用铁红、铁黄和炭黑来调。

着色剂耐热要好,耐高温最好超过 200℃。

调色时最好不用色粉:一是不好称量;二是往胶片里添加时飞扬会产生色

差；三是换色时清理比较麻烦；四是劳动条件不好。要根据颜色要求调制成色
母料或直接购买色母料。

193. 如何提高橡胶耐渗透性？

耐不同介质的渗透所选胶种及配方的设计思路是不一样的。

可以参照轮胎气密层胶料的做法，胶种选择或并用是最主要的，要使用或
并用气密性较好胶种，如丁基橡胶、卤化丁基橡胶。片层状的矿物补强剂也能
提高耐渗透性能。

194. 氢化丁腈橡胶中白炭黑的最佳硅烷偶联剂是什么？

依据硫化体系来选用。过氧化物硫化体系适合用 A-172，A-172 含乙烯基，
能被自由基打开。硫黄硫化体系适合用 Si-69，Si-69 含多硫结构，硫黄硫化过
程中，多硫结构裂解参与反应。

195. 丁腈橡胶发泡瑜伽垫，挤出硫化后发泡尺寸偏小，表面有密密麻麻的小颗粒，而且发泡孔径比之前大很多，不细密。这种情况该如何调整？

产生这种问题的原因有：

硫化速度快于发泡速度（硫化速度快，焦烧时间短），导致发泡不充分，
尺寸小。

硫化速度过慢，没有结皮就发泡了，导致气体跑出。

填料、发泡剂没有分散好，发泡孔不均匀，大小不一，表面有麻点。

196. 硬度 75，强度 10MPa，伸长率 600% 以上过氧化物硫化三元乙丙橡胶配方要注意哪些方面？

配方上可注意下面几个事项：

主胶选用充油胶。

硫化剂的用量降下来，硫化程度低点。

用白炭黑替代一部分炭黑（15 质量份左右），让交联密度低点。

先满足强度和伸长率，然后通过增硬剂和填料来调整硬度。

197. 绝缘电缆的三元乙丙配方中如何降低介电损耗值?

可从下面几个方面降低介电损耗:

① 配方体系可采用三元乙丙橡胶+过氧化物硫化体系,如金属氧化物(氧化锌)、陶土/滑石粉,蜡、石蜡油、RD/MB等。陶土要选用处理过的。

② 过氧化物硫化可不用加防老剂,防老剂一般都是还原性的。但还要看绝缘是什么要求,如果是 XJ-30A,要求耐温等级是 90℃,要加入防老剂,此外,加入 MB 也有抑制铜氧化的效果,所以防老剂还是要加的。

③ 减少软化剂的用量。

198. 反光橡胶是如何制造的?

各种橡胶均可制作反光橡胶,具体还要看其他性能要求,如耐热、耐油等。关键是反光粉的使用,用量大才有效果,一般在 100 质量份以上。对于硬度大(高于 85)的橡胶可以使用表面喷涂解决,具有不错的粘接效果。在硫化过程中把反光条硫化上去,用反光粉加橡胶漆进行表面刷涂。

199. 轴承密封件(丁腈橡胶、彩色橡胶)配方设计要注意些什么?

配方上注意下列问题:

硫化体系用有效硫化体系。如有低压变要求可用低硫高促体系,如压变要求高可选择过氧化物体系,同时对弹性也有益。可以用 PEG4000/Si-69=3∶2,增加促进剂用量,TT 1.5 质量份,CZ 1.5 质量份,DM 1 质量份,S 1 质量份,硫化温度 180℃。CZ 会导致变黄,最好少用。

最好用碱性白炭黑,与 N85 并用,添加适量偶联剂。少用普通白炭黑,可并用其他填料。普通白炭黑会导致硫速慢,弹性差,建议使用 20～30 质量份的白炭黑,加入相应量的偶联剂。

不用胺类防老剂。

200. 普通胶料如何做到硬度 50,强度 25MPa 以上,延伸率 800%以上?

这种低硬度、高强度、高伸长的胶料配方设计要点是:

生胶优选等级较高的天然橡胶,如 1 号、2 号、3 号烟片,SCR3、5 标准胶。保持高的含胶率,充分发挥其拉伸结晶性能,就会达到高伸长率且高强度。

使用硫黄硫化体系，硫黄用量宜高些。

可少量添加补强树脂+线型低密度异戊橡胶（LLIR）

白炭黑少用且品质要好，如气相法白炭黑、VN3 等，适当欠硫。

201. 氯丁橡胶材质护线圈，配方中要注意哪些问题?

氯丁橡胶护线圈配方要注意如下事项：

生胶选用通用型氯丁橡胶。

硫化体系选用氧化锌/氧化镁+促进剂。

填料选择煅烧高岭土、滑石粉、白炭黑，着黑色可加不超过 5 质量份着色炭黑。

根据硬度要求加适量的油。

202. 橡胶制品能做到带磁性吗?

胶料中加磁铁粉硫化后充磁是可以的。

配方中加永磁性铁氧体配合剂，如钴铁氧体，铁铁氧体，钡铁氧体，锶铁氧体等。用量为 100～200 质量份。

加工工艺分为橡胶成型工艺和充磁工艺两部分。

传统的工艺为：生胶、磁粉、各配合剂→混炼→出片→硫化成型→充磁。

203. 丁腈橡胶密封条接头胶的配方需要注意什么问题?

丁腈橡胶密封条接头胶配方设计时要注意下列问题：

胶料的含胶率高。

门尼黏度适当。

硫黄的用量足，待接头的胶条硫黄也不能太少。

可以加点增黏树脂，提高胶片自黏性。

要接头的硫化胶硫化程度稍低一些，黏结表面积尽可能大一些。

204. 如何设计高硬度（80~85）抗冲击气动钉枪上的丁腈橡胶缓冲垫?

这样的产品硬度高，强度高，抗冲击，生热小，耐热性好（连续冲击后温度高，容易裂）。

配方可考虑下列几点：

生胶选用中高丙烯腈含量、高门尼黏度的牌号。

选用过氧化物硫化体系。加 2～8 质量份甲基丙烯酸锌，同时加 1～4 质量份硫化助剂 TAIC、HVA。

适当提高氧化锌用量，纯度要高，建议采用间接法氧化锌。

205. 橡胶配方中添加了金属粉末，能不能在配方中加用开姆洛克来提高金属粉末与橡胶之间黏合力？

该方法有点效果，但不建议采用，一是效果不理想，二是开姆洛克中溶剂会产生气泡。

开姆洛克是一种表面处理型黏合剂，在硫化前先要对金属件表面进行处理（如打磨、喷砂、化学、磷化等）后再涂上开姆洛克，有时还需多次涂刷或用不同种类开姆洛克复合涂刷。

可以采用间甲白体系作直接黏合体系或钴盐黏合体系，效果也可以。

可以在混合前对金属粉末进行适当除锈、除污处理。将金属粉末和开姆洛克混合一下，经一定时间干燥后，再加入胶料，效果最好。

206. 如何选用开姆洛克的各种型号？

只要金属经适当的表面处理，无论是单涂型还是双涂型开姆洛克，都能可靠地粘接多种金属，而不同的开姆洛克与不同的橡胶之间的粘接效果却有很大差异。因此，选择开姆洛克品种时，应先以橡胶品种为依据，详见表 7-1。

表 7-1　开姆洛克选择表

胶种	单涂型	双涂型
NR	250、252、257、402	220、233、234B、236
SBR	250、252、257、402	220、233、234B
BR	250、252、257、402	220、233、234B
NBR	205、250、252、257、6.7、BN	220、233、234B、236
CR	250、252、257、402	220、234B、236、238
IIR	250、252	234B、236、238
EPDM	250、252（硫黄硫化）607（过氧化物）252（树脂）	236、238
T	205、218	
CPE	205、250、252	233、234B

续表

胶种	单涂型	双涂型
氯醇橡胶	CO 250、402 ECO 250、BN、607	233
CSM	250、252	233、234B
Q	607、608	
FPM	607	
FQ	608	
PUR	反应注模 210 浇注型 210、218 混炼型 250、BN	233
ACM	607、BN	

207. 与金属黏合的胶料配方的注意事项有哪些?

（1）橡胶种类

不饱和度高、极性高的橡胶，较易粘接，常用橡胶粘接效果排列：NBR>CR>SBR>NR>BR>IIR>EPDM。

（2）硫化胶的硬度

硫化胶硬度在 45～85（邵氏 A）之间较易粘接，低于 45（邵氏 A），或高于 85（邵氏 A），较难粘接。

（3）硫化剂类型、硫化体系

以硫黄为硫化剂的胶料，比过氧化物硫化的胶料更易粘接；常规硫化体系比半有效硫化体系易粘接；半有效硫化体系比有效硫化体系易粘接。

（4）焦烧期

焦烧期长者有利于粘接。

（5）门尼黏度

门尼黏度低者有利于粘接。

（6）软化剂、增塑剂种类及含量

软化剂含量不超过 20 质量份，一般不会影响粘接。油、增塑剂一般不利于粘接，尤其是酯类为甚，酯类增塑剂用量不超过 10 质量份。

208. 普通橡胶产品如何做得手感柔软?

这种产品配方设计要点:

① 含胶率提高,增加弹性,硬度降低。

② 无机填料不能加得多,否则手感不柔软。

③ 并用丁二烯橡胶、天然橡胶或增加其用量对弹性会有所改善。

④ 用天然橡胶同丁二烯橡胶并用,采用高硫低促硫化体系。

⑤ 松焦油最好少用,加油膏。

⑥ 少量加细胶粉(5 质量份)。

⑦ 少用轻钙,可以考虑换陶土或 N85。

209. ACM、AEM 在配方设计等方面的异同点是什么?

AEM 比 ACM 多了乙烯嵌段,由于乙烯段的加入,使得 AEM 低温性能、强度要比 ACM 好,但耐油性能下降,价位比较高。ACM 一般用皂/硫黄并用硫化体系和 TCY 硫化。AEM 用 DIAKK 1 号硫化剂和 DOTG 硫化,其中 DOTG 不环保,已基本被淘汰,其替代品为 DPG。

210. 橡胶配方中几个经典配组是什么?

① 氧化锌与硬脂酸:这是硫黄硫化体系中无机活性剂和有机活性剂经典配合。配合量(质量份)为(3~5)/(1~3)。两者在硫化过程中形成硬脂酸锌,因此可用硬脂酸锌部分或全部代替氧化锌与硬脂酸。

② 钛白粉与群青:这是白色胶料与着色剂配合,群青起防黄剂作用,可防止胶料在硫化和使用过程中泛黄,用量在 0.3~2 质量份。

③ 过氧化物与助硫化剂(硫黄、TAC、TAIC、HVA-2):助硫化剂用来调节胶料性能如撕裂强度,但硫黄会影响胶料耐热性。

④ 白炭黑与专用活化剂(丙三醇、三乙醇胺、二甘醇、PEG):这些活化剂能有效改善白炭黑因吸附促进剂而产生迟延硫化现象。其用量为白炭黑量的 2%~10%。

⑤ 发泡剂与发泡助剂:发泡助剂可降低发泡剂的分解温度,帮助发泡剂分散,或提高发气量。常用的发泡助剂有有机酸和尿素及其衍生物。前者有硬脂酸、草酸、硼酸、苯二甲酸、水杨酸等,多用作发泡剂 H 的助剂;后者有氧化锌、硼砂等有机酸盐,多用作发泡剂 AC 的助剂。发泡助剂的用量一般为发泡剂用量的 50%~100%。